製造・輸出

国別でわかる！

化学物質規制ガイド

2021年 改訂版

監修
一般社団法人 東京環境経営研究所

編著
松浦徹也・杉浦順

第一法規

目　次　contents

カバー・本文デザイン　タクトシステム株式会社

本書の使い方

　本書は、初心者から基礎を学びなおしたい企業の担当者に向けて、各国化学物質規制を体系的にまとめたガイドブックです。

　企業が対応を求められている各国の規制の本質についての解説とその理解を深めるQ&Aで構成されています。

　また、自社の製品に適用される規制にたどり着くためのガイド（法令チェックフローチャート）も用意しましたので、新たに製品を製造・輸出する際に、その国にどのような規制があるのかをご確認いただくのに最適です。

　なお、本書に記載されている内容は、2020年7月1日現在（一部例外あり）となっておりますが、各国の改正により、変更となっている場合がありますので、各規制について最新の正確な内容を知るためには、必ず各国規制の原典をご参照いただきますようお願いいたします。合わせて参考URLについても、変更となっている場合がありますので、ご注意ください。

　また、当解説は筆者の知見、認識に基づいてのものであり、特定の会社、公式機関の見解等を代弁するものではなく、規制解釈のための参考情報です。規制の内容は、各国の公式文書で確認し、弁護士等の法律専門家の判断によるなど、最終的な判断はご自身の責任で行っていただくよう、お願いいたします。

　本書が、化学物質管理に携わる方々にとって、自社の状況に合わせた仕組み作りのご支援となれば幸いです。

※本書では政令等についても、慣用的に「法」と表記している場合がありますので、ご了承ください。

法令チェックフローチャート

　何について知りたいかというところから、該当する法令にたどれるフローチャートです。たどり着いた章に収載されている法令については、x頁の「各章に収録されている規制一覧」をご参照ください。

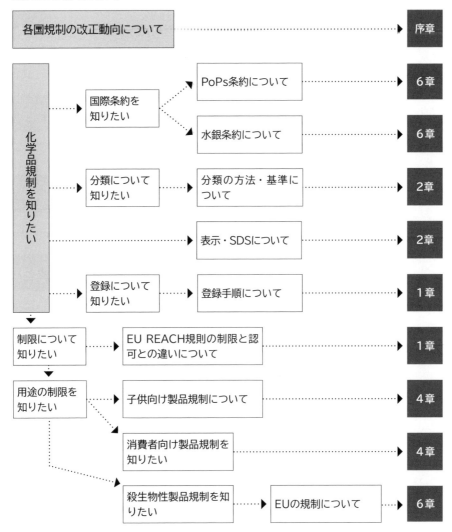

各国規制の改正動向について ‥‥‥‥‥‥‥‥‥‥‥‥‥▶ 序章

化学品規制を知りたい

　国際条約を知りたい ‥‥‥▶
　　　　PoPs条約について ‥‥‥‥‥▶ 6章
　　　　水銀条約について ‥‥‥‥‥▶ 6章

　分類について知りたい ‥‥‥▶ 分類の方法・基準について ‥‥‥‥‥▶ 2章

　‥‥‥‥‥‥‥‥‥‥▶ 表示・SDSについて ‥‥‥‥‥▶ 2章

　登録について知りたい ‥‥‥▶ 登録手順について ‥‥‥‥‥▶ 1章

制限について知りたい ‥‥‥▶ EU REACH規則の制限と認可との違いについて ‥‥‥‥‥▶ 1章

用途の制限を知りたい ‥‥‥▶ 子供向け製品規制について ‥‥‥‥‥▶ 4章

　消費者向け製品規制を知りたい ‥‥‥‥‥▶ 4章

　殺生物性製品規制を知りたい ‥‥‥▶ EUの規制について ‥‥‥‥‥▶ 6章

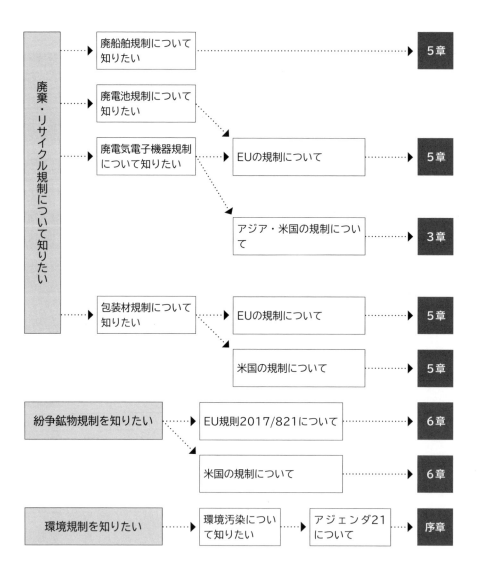

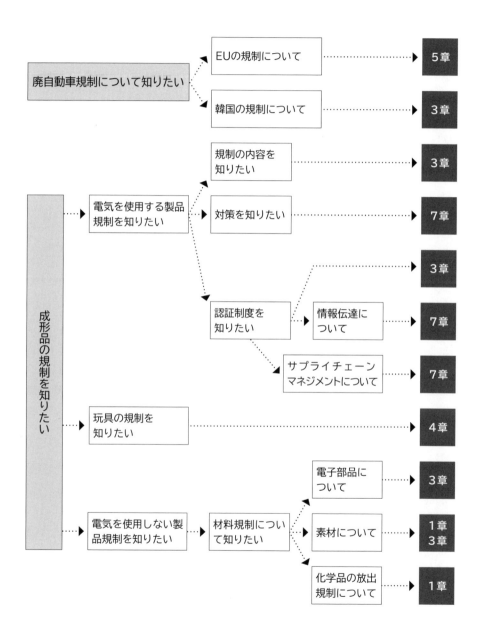

廃自動車規制について知りたい	EUの規制について	5章
	韓国の規制について	3章

成形品の規制を知りたい	電気を使用する製品規制を知りたい	規制の内容を知りたい	3章
		対策を知りたい	7章
			3章
		認証制度を知りたい	情報伝達について	7章
			サプライチェーンマネジメントについて	7章
	玩具の規制を知りたい		4章
	電気を使用しない製品規制を知りたい	材料規制について知りたい	電子部品について	3章
			素材について	1章 3章
			化学品の放出規制について	1章

各章に収録されている規制一覧

	1章 化学物質規制について	2章 分類と表示について	3章 電気電子製品の含有化学物質規制について	4章 電気電子製品以外の含有化学物質規制について	5章 廃棄・リサイクル法について	6章 新たな規制動向について
国際 (条約)		・国連：GHS			・シップリサイクル条約	・水銀条約 ・POPs(ストックホルム)条約
日本	・化審法 ・化管法 ・労安法 ・毒劇法	・JIS Z 7252 ・JIS Z 7253				
EU	・REACH規則	・CLP規則	・RoHS指令	・GPSD ・玩具指令	・ELV指令 ・電池指令 ・WEEE指令 ・包装材規制	・殺生物性製品規則(バイオサイド規則) ・エコデザイン指令(ErP指令)
米国	・TSCA ・カリフォルニア州：プロポジション65	・危険有害性周知基準(HCS)	・カリフォルニア州：RoHS法	・CPSIA	・包装材規制	・紛争鉱物開示規制
中国	・中国版REACH規則 ・危険化学品安全管理条例	・アジアの分類基準	・RoHS管理規則(自発的認証制度を含む)			
韓国	・化評法(K-REACH) ・化管法	・アジアの分類基準	・RoHS法	・電気用品と生活用品安全法		
台湾	・毒性及び懸念化学物質管理法 ・職業安全衛生法	・アジアの分類基準	・RoHS法			
その他アジア諸国	・インドネシア：危険・有害物質に関する政令 ・ベトナム：化学品法 ・タイ：有害物質法 ・フィリピン：有害物質及び有害・核廃棄物管理法 ・シンガポール：環境保護管理法 ・マレーシア：CLASS規則及びEHS届出・登録制度	・アジアの分類基準	・タイ：RoHS法 ・インド：RoHS法 ・ベトナム：RoHS法 ・シンガポール：RoHS法			
その他			・UAE：RoHS法 ・EEU(ユーラシア経済連合)：RoHS法			

序章

「春がきても自然は黙りこくっている」と、1962年にレイチェル・カーソンは著書「沈黙の春」（新潮文庫、青樹簗一翻訳）で、DDTなどの合成殺虫剤の恐ろしさを語っています。レイチェル・カーソンの警鐘は、その後の1992年6月のリオ地球サミット（リオサミット）において「アジェンダ21実施計画（'97）」に影響を与えました。

　アジェンダ21は、21世紀に向けての課題とプログラムで、分野別に40章から構成されています。有害化学物質については、第19章「有害かつ危険な製品の不法な国際取引きの防止を含む有害化学物質の環境上の適正な管理」において、6つのプログラムで化学物質管理が示されています。このプログラムにより、GHS、CLP規則、REACH規則や化審法などが制定されました。

　リオサミットの10年後のヨハネスブルクサミット（WSSD）では、「化学物質が、人の健康と環境にもたらす著しい悪影響を最小化する方法で使用、生産されることを2020年までに達成することを目指す」（WSSD2020年目標）としています。この2020年目標の達成のための戦略的アプローチが、SAICM（Strategic Approach to International Chemicals Management：国際的な化学物質管理のための戦略的アプローチ）です。

　SAICMは化学物質を「リスクベース」で規制するもので、従前の「ハザードベース（危険有害性）」の規制からの変更を求めたものです。EU REACH規則、日本の化審法や化管法もSAICMを受けて改定されています。

　化学物質も使い方（用途）により「人への影響」が異なります。用途は製品によって決まりますので、企業にリスクを評価する義務を求める傾向にあります。

　別の視点では、人類あるいは地域のリスクは、化学物質の生産量がファクターの1つになります。高生産量化学物質（HPVC：High Production Volume Chemicals）を優先的にリスク評価する動きもあります。日本では、「Japanチャレンジプログラム」として、既存化学物質のうち生産・輸入量が1,000トン以上の化学物質について、安全性情報の収集・発信をしてきました。

　一方、多用途化学物質で、ハザードが高く、すべての用途での使用を禁止したい物質は、国際条約で輸出入を含めて制限しています。代表例がPOPs（Persistent Organic Pollutants：残留性有機汚染物質）条約で、「環境中での残留性、生物蓄積性、人や生物への毒性が高く、長距離移動性が懸念されるポリ塩化ビフェニル（PCB）、DDT等の残留性有機汚染物質の、製造及び使用の廃絶・制限、排出の削

序章

第1章

第2章

第3章

第4章

第5章

第6章

第7章

減、これらの物質を含む廃棄物等の適正処理等を規定」しています。

　ハザード管理からリスク管理への流れの中で、シーア・コルボーン等が著した「奪われし未来」（翔泳社、長岡力翻訳）で注目された「内分泌かく乱物質」、有吉佐和子著の「複合汚染」（新潮文庫）が、新たな課題となっています。2020年から「ナノ物質」もREACH規則の登録対象となりました。

　これらの物質は、リスク管理の基本となるハザードの特定の新たな課題ともいえます。

　しかし、有害性の高い化学物質も使わなくてはならない場合もあります。人間の生活に不可欠な化学物質を単に「使わない」「使わせない」とするだけでなく、「うまく使用する」「化学物質の影響を知って使用する」、すなわち化学物質を管理された状態で利用することを考えることが求められています。

　例えば、REACH規則の制限（Entry71）で1-メチル-2-ピロリドン（NMP）が2018年4月に追加されましたが、「作業者のばく露に関する導出された無影響量（DNELs）を吸入ばく露について14.4mg/m^{3}を超えない場合以外は、最大許容濃度を0.3%未満とする」という管理された使用を求めています。

　ただ、一般消費者は化学物質に関する知見が乏しいので、「管理」はメーカー側に要求され、使い方の限定、表示や有害性の少ない化学物質への代替などが求められます。

　REACH規則の前文に「物質そのもの、混合物又は成形品に含まれる物質の製造・上市又は使用からの人の健康及び環境に対する高いレベルの保護を確保するために必要とされる適切なリスク管理措置を特定することは、製造者、輸入者及び川下使用者の責任であるべきである。」としています。

　潮流として、一般消費者や子供、胎児を保護する規制は強化される傾向にあります。消費者保護、環境保護に関する法規制は、国による差異が少なくなっています。

　RoHS指令、REACH規則、CLP規則は、EU域外国にも大きな影響を与えました。EU法規制がひな型法のようになって、中国RoHS管理規則、台湾RoHS法、インドRoHS法やEEU（ユーラシア経済連合）RoHS法やウクライナRoHS法が制定され、REACH規則やCLP規則も中国、韓国やアセアン諸国で類似法が制定されてきています。

　しかし、2020年に入っても、POPs条約の附属書AにPFOAが追加され、EUは

POPs規則、米国はTSCAのSNUR、カナダは、CEPA1999（Canadian Environmental Protection Act, 1999）で有害物質に指定し、2021年から有毒物質禁止法で規制する予定です。韓国も日本も同様の動きです。

　規制の見直しも行われており、中国の新規化学物質環境管理登記弁法（中国REACH）は2021年1月に改正法施行、韓国では化評法（K-REACH）が改正され、年間1トン以上の既存化学物質の製造・輸入者は予備登録をして1,000トン以上であれば2021年12月31日までに登録しなくてはなりません。

　台湾でも同様に第1段階登録物質済みの優先管理化学品は2021年12月31日までに第2段階登録をしなくてはなりません。

　ユーラシアREACH法は2021年6月から施行され、ブラジルREACH法も立法準備中です。

　RoHS指令関連も中国RoHS管理規則が特定12品目について、特定有害6物質群の含有禁止の第2段階に入り、韓国RoHS法は2021年1月から品目が49品目に拡大となり、特定有害物質もEU RoHS指令と同じ10物質群となります。

　WSSD目標の2020年になっても、化学物質関連の規制法が大きく動いています。

　方向は同じとしながらも、国情で微妙な差異があります。日本企業は、先行しているEU法を基本としながらも、EU法の改正とアジアや米国の規制動向に翻弄されているといっても過言ではありません。

　法規制の変更情報は、各国の当局のウェブサイトや官報などで公表されます。これを受けて、国内の工業会、支援機関、情報サービス会社、（一社）産業環境管理協会の「聞きたい 知りたい 世界のRoHS＆REACH」や第一法規株式会社の「World Eco Scope」などが情報提供しています。

　経営リスクの最たるものが法令違反です。企業の法規制担当者は、これから変化する情報を収集し、対応しなくてはなりませんが、企業活動のグローバル化により、調査対象国が拡大しています。

　欧米の順法判断は「デューデリジェンス」（企業としてやるべきことを実施しているか）が問われます。

　企業対応の第一歩としては、化学物質規制法関連はEU REACH規則、化学物質の分類と表示関連は国連GHSまたはCLP規則、製品含有化学物質規制法はEU RoHS指令、製品の適合宣言はCEマーキングについて、企業としての対応の仕組みを作ります。他の国の関連法は応用して対応しますが、100点満点の対応ではあ

序章

第1章

第2章

第3章

第4章

第5章

第6章

第7章

りません。まず、60点そこそこの対応ができて、スパイラルアップさせていくことで、何か指摘を受けたときの規制当局との交渉に役立ちます。

■ 世界の化学物質規制法の対応

化学物質規制法 ・**EU REACH規則** 　登録・認可・制限・情報伝達（SDS） 　成形品のSVHC情報 ↳・日本：化審法 　・中国：新化学管理弁法（C-REACH） 　・米国：TSCA 　・韓国：化評法（K-REACH）	化学物質の分類と表示 ・**国連GHS** ↳・EU　CLP規則 　・日本 JIS Z 7252/7253 　・中国 GB30000.2～30 　　　　GB/T16483
製品含有化学物質規制法 ・**EU RoHS指令** 　電気電子製品への特定有害化学物質の 　含有禁止 ↳・韓国・中国・カリフォルニア・ベトナム・ 　タイ・インド・トルコ　RoHS法	製品の適合宣言 ・**CEマーキング** 　New Approach Directives 　玩具指令（2009/48/EC） 　RoHS指令等 ↳・玩具安全マーク（STマーク） 　・中国　自発的認証マーク・CCC 　・韓国　KCマーク

　「デューデリジェンス」としては、変化は日常と考え、これまでに収集した情報や取組みを基礎とした自社の身の丈に合った仕組を構築し、これに新規情報を入手する仕組みを組み込むことが望まれます。
　EUでは「デューデリジェンス」の1つとして遵法システム（CAS：Compliance Assurance System）を求めています。CASはISO9001など自社が構築したマネジメントシステムに遵法事項を統合させるものです。これは、EUのCEマーキングの適合宣言や、REACH規則のCLS（Candidate List of substances of very high concern for Authorisation）の情報伝達義務のベースになるものです。

　変化は続きます。
　2015年9月25日に第70回国連総会で、「我々の世界を変革する：持続可能な開発のための2030アジェンダ」が2030年目標として採択されました。
　前文で「このアジェンダは、人間、地球及び繁栄のための行動計画である。」とし、17の持続可能な開発ための目標（SDGs）と、169のターゲットを示しています。これらの目標およびターゲットは、「誰一人取り残さない」ことを念頭に、経済、

社会および環境の三側面を調和させるものです。

　アジェンダ28で「生産や消費、サービスのあり方について根本的な変革をすることにコミットする」とし、SDGsの第12目標（つくる責任、つかう責任）で、取組みの方向性を示しています。

　持続可能な「つくる責任、つかう責任」は、利便性で選択していた化学物質の使い方などの「当たり前からの脱却」を求めています。

　2020年に国連は創設75年を迎え、「国連創設75周年 — 私たちの未来を一緒につくろう」（UN75）とし、「未来に関する対話（global conversation）」を促しています。次世代のための目標づくりが、また、始まります。

　"Who Moved My Cheese?"（Spencer Johnson, Penguin and Random House：Vermilion UK）が2000年頃にベストセラーになりました。

　"My Cheese"はこれまでのビジネススタイルを意味し、この大事なチーズがある日突然なくなったのです。主人公の一人のHem（変化を認めず変化に逆らう小人）は、"I'm going to get to the bottom of this"と叫び、どうしてこんなことになったのだろうと原因究明を始めました。

　もう一人の主人公ねずみの"Sniff"と"Scurry"（単純で、いち早く変化をかぎつけ、すぐさま行動を起こす）は、Hemが考えている間に新しいチーズを見つけています。

　変化は日常と捉えて"Be Ready To Change Quickly And Enjoy It Again ＆ Again."を結びの言葉としています。

第 1 章

化学物質規制について

EU：REACH規則

「化学物質の登録/評価、認可/制限に関する規則」（REGULATION (EC) No 1907/2006 OF THE
EUROPEAN PARLIAMENT AND OF THE COUNCIL of 18 December 2006 concerning the
Registration, Evaluation, Authorisation and Restriction of Chemicals（REACH））

EU REACH規則[1]は、2006年に公布され、2007年から施行された化学物質（Chemicals）の登録（Registration）、評価（Evaluation）、認可（Authorisation）、制限（Restriction）の化学物質の規制法で、世界の化学物質規制法のひな型法となっています。EUは各加盟国においてREACH規則を執行する規制当局のセンターとして、欧州化学品庁（The European Chemicals Agency：ECHA）を設立しました。ECHAは企業の法令遵守、化学物質の安全使用の促進、化学物質に関する情報の提供、懸念される化学物質への対応を支援する責務を持っています。

 何のための規制？

従来のEUの化学物質に関わる法規制では、加盟国の間で不一致を生じ、域内の流通に悪影響を与えていました。そのため、その改善をして化学物質や化学物質を含む製品のEU域内市場の自由な移動を確保する必要がありました。また、国際的に合意されているリスクベースに基づいた化学物質の管理体制の構築も必要でした。これらを達成するために、EUの化学産業の競争力と技術革新を強化させつつ、予防原則に従って人の健康や環境をより高いレベルで保護するために、従来の法規制を再編成・改正して「規則」として制定されました。

1.「化学物質を含む製品のEU域内市場の自由な移動を確保する」ために

従来の化学物質の主な法規制は、国内法に一定の裁量権を認めた「指令」で制定していましたが、各加盟国の規制内容の不一致が生じていたために、すべての加盟国にそのまま適用される「規則」として制定しました。

2.「人の健康と環境の高レベルの保護」のために

化学物質のハザード情報収集のため、年間１トン以上製造・輸入される化学物

EU：REACH規則

序章
第1章
第2章
第3章
第4章
第5章
第6章
第7章
化学物質規制について

質について既存物質、新規物質ともに、企業に登録することを義務付けています。

　登録情報や他の情報源から、物質のハザード情報、製造・使用におけるばく露や排出情報、またEU域内での製造・輸入情報から、物質から生じるリスクを評価し、認可や制限の対象とします。

　認可は、EU REACH規則で新たに導入された制度です。リスクが大きいと特定された物質について、期限内に認可を取得しなければ、EU域内では上市あるいは使用が禁止されます。

　制限は、リスク評価に基づいて、対応が必要なリスクをもたらす物質の製造、上市および使用を全面的あるいは部分的に禁止、または制限するものです。

　企業には、化学物質とそれを含有する製品を安全に使用するために、安全データシート（SDS）等の情報を提供することを義務付けています。

対象となる物質は？

１．登録

　登録対象は化学物質そのもので、既存や新規にかかわらず、免除された物質以外のすべての物質が該当します。塗料等の混合物では、それを構成する化学物質が対象です。ポリマーは登録の必要はありませんが、２重量％以上のモノマー等の構成成分は対象です。単離された中間体は、厳格な管理条件で使用される場合は、提出する情報が免除されます。さらに、ある条件では成形品中の化学物質も登録対象になります。

　登録物質は2020年7月2日現在で、22,877物質です。

２．認可

　附属書XIVに収載された物質は2020年7月1日現在で、54物質です。

　認可対象物質は、その候補物質（Candidate List of substances of very high concern for Authorisation：CLS）[2]から特定されます。CLSは2020年7月1日現在で、209物質です。

３．制限

　附属書XVIIに収載された物質が対象物質です。制限物質は2020年7月1日現在で、70物質がエントリーされています。

何をしなくてはいけないの？

1．登録

1）「No Data, No Market」、「OSOR：One Substance, One Registration」の理念のもと、年間1トン以上製造・輸入される物質は既存化学物質、新規化学物質にかかわらず、同一物質は、共同で登録することが必要です。共同登録のために、ECHAに同じ物質が登録済みでないか、問い合わせることが必要です。

2）年間10トン以上の場合は、化学物質安全性報告書（CSR）を作成し、登録情報として提出が必要です。

3）登録義務のある者は、EU域内の製造者・輸入者ですが、EU域外の製造者はEU域内に拠点を持つ「唯一の代理人」を指名し、登録することができます。

2．認可申請

認可対象物質をEU域内で上市、使用する場合は、附属書XIVの収載時に決定された申請期限日までに、認可申請をする必要があります。「人」、「環境」に対する負荷のリスクよりも社会的便益が大きければ、期限をつけて認可が付与されます。認可申請をしていない場合、日没日（sunset date）以降、EU域内では上市・使用はできません。認可対象物質（附属書XIV）の成形品への組み込みの制限は、EU域内では適用され、EU域外の日本では適用されません。

3．情報提供

CLP規則の分類基準でハザードに分類される物質または混合物はREACH規則に規定されたSDSの作成と提供が必要です。年間10トン以上の物質については、CSRの作成で検討したばく露シナリオを、SDSの附属書として提供する必要があります。

CLSを成形品中に0.1重量％を超えて含有している場合には、成形品の供給者は川下企業に対して、その成形品を安全に使用できる情報（少なくとも物質名）を提供する義務があります。消費者から要求がある場合は、同様に45日以内に無料で、情報を提供する義務があります。この義務は、告示された日から発効しますが、情報提供は供給者が「利用可能」な情報でよいとされています。

EU：REACH規則

序論

第1章

第2章

第3章

第4章

第5章

第6章

第7章

化学物質規制について

 これも知っておこう！

1．EU REACH規則の適用除外

　医薬品、化粧品、食品添加物など既存の法律で規制を受けている物質には、EU REACH規則は適用されません。

2．水和物（水分子を含む物質）の登録について

　REACH規則では、水和物と無水物を別々に登録する必要はありません。同じハザード情報で登録することができます。

　例えば、共同登録された塩化コバルトは、下表の無水物と水和物のそれぞれのCAS番号を挙げて、同一登録として情報が開示されています。

化学物質名	組成	EC番号	CAS番号
塩化コバルト	無水物	231-589-4	7646-79-9
	六水和物		7791-13-1

3．調和された分類について

　EUに輸出する化学品のSDSの作成には、CLP規則で規定されている調和された分類を用いることが義務付けられています。自社の化学品が、調和された分類以外のハザードに分類しなければならない情報を保有している場合は、そのハザードの分類を追加することが必要です。

　これまでに申告された物質の分類と表示は、C&L Inventoryで検索することができます。2020年7月1日現在で、174,059物質が掲載されています。[3]

📖 参考情報

* 1　https://echa.europa.eu/web/guest/regulations/reach/legislation

* 2　https://echa.europa.eu/candidate-list-table

* 3　https://www.echa.europa.eu/information-on-chemicals/cl-inventory-database

11

Q Candidate List収載物質（CLS）の義務について教えてください。

A 成形品の供給者は、以下の２つの条件が満たされる場合には、成形品に含まれるCLSについて、届出をしなければなりません。

1）CLSが成形品中に0.1重量％（1,000ppm）を超える場合

2）年間１トンを超えて含有する場合

複数の部品から構成された成形品（複合成形品）については、最小単位の部品（成形品）ごとに0.1重量％以上のCLSの含有量を算出する必要があります。

また、CLSが成形品中に0.1重量％（1,000ppm）を超えて含有する複合成形品の部品を供給している企業は、最小部品ごとにCLSの含有の有無、含まれる場合はその名称と含有率や安全に使用するための情報を販売先に提供することが求められます。

さらに2018年６月に改正された廃棄物枠組み指令（WFD）[1, 2]に基づき、2021年１月５日以降、成形品供給者は上記CLS関連情報をSCIP（Substances of Concern In articles as such or in complex objects（Products）：製品含有懸念物質）データベースに登録する必要があります。登録はIUCLIDシステムを用いて行います。

📖 参考情報

* 1　http://echa.europa.eu/web/guest/wfd-legislation
* 2　http://echa.europa.eu/web/guest/understanding-wfd

EU：REACH規則

序章

第1章

第2章

第3章

第4章

第5章

第6章

第7章

化学物質規制について

Q CLSが半年ごとに追加されていますが、追加の都度含有調査を行わなければならないのでしょうか。

A EU REACH規則は、変化し続けていく法規制です。ECHAはCLSとして告示する3カ月ほど前に、インターネットコンサルテーションを行います。追加されていく化学物質が貴社製品に含有されているかは、常に把握しておくことが必要となります。

この調査は工夫が必要で、やみくもに調査するものでもありません。追加収載されるCLSが貴社製品にまったく関係ないことが確認できれば、対応は不要です。このための、手順や仕組みが必要となります。

0.1重量％以上含有していることが確認できれば、情報伝達義務が生じ、将来的には代替物質に代える必要性が生じる可能性があります。

含有調査はサプライチェーンの上流からの情報に頼ることになり、chemSHERPAなどの情報伝達スキームを利用することになります。

なお、ECHAは成形品に含有される可能性のあるCLSをウェブサイトで紹介(Information on Candidate List substances in articles[1])しています。この情報は、登録データからその用途を整理したもので、2019年12月18日の更新情報として、既存のCLS 201物質について用途（Article Categories）が示されています。これらの情報は新しく採用する部品の検討に役立つと考えられます。

📖 参考情報

[1] http://echa.europa.eu/information-on-chemicals/candidate-list-substances-in-articles-table

中国：新規化学物質環境管理登記弁法（中国版 REACH規則）

「新規化学物質環境管理登記弁法」（生態環境部第12号令）

　　中国における新規化学物質のリスク管理のための法律としては、新規化学物質環境管理弁法が2010年に施行され、EU REACH規則同様にトン数帯によるデータ要求のため、中国版REACH規則ともいわれていました。改訂版として2020年4月29日付けで新規化学物質環境管理登記弁法[1]が公布され、2021年1月1日から施行、旧弁法は廃止されます。また、改訂版に対応してその詳細を規定している「新規化学物質環境管理登記指南」（案）[2]が2020年9月まで意見募集を行っていました。

　　以下の説明は新法を中心に行い、必要に応じて旧法を括弧書きで併記します。

 何のための規制？

　この法律の目的（第1条）には、「新規化学物質の環境管理と登録を規制し、生態環境を保護し、公衆衛生を保護すること」とあります。中国国内で、新規化学物質の研究、製造、輸入、加工および使用活動における環境管理登録に適用されます。

 対象となる物質は？

　事業者は、新規化学物質について申告義務（EU REACH規則の登録・届出と同じ）があります。新規化学物質の製造、輸入、加工および使用を行う場合には事前に申告し登記する必要があります。

　新規化学物質とは現有化学物質名録（既存化学物質データベース）に収載されていない物質です。現有化学物質名録は、ウェブサイトで公開されています。2013年版では46,042種類収載されており、その後も随時、物質が追加されて2020年5月には46,349種類にまで増えていますので、最新情報をウェブサイト等で入手する

中国：新規化学物質環境管理登記弁法（中国版REACH規則）

序章
第1章
第2章
第3章
第4章
第5章
第6章
第7章
化学物質規制について

必要があります。*3

　他の法規で対象となっている医薬品、農薬、動物用医薬品、化粧品、食品、食品添加物、飼料、飼料添加物および肥料（原料と中間体は対象）、放射性物質は対象外です。

　なお、中国版REACH規則は新規化学物質が対象で、既存物質は別項で解説する危険化学品管理条例で管理しています。

 # 何をしなくてはいけないの？

　年間の製造・輸入量により、通常登記、簡易登記および届出の3分類に沿って申告を行う必要があります（旧法では扱い量、特性や用途により分類が細分化されていましたが、新法では原則扱い量のみで3分類に簡略化されています。特に旧法の化学研究登録（0.1トン未満）がなくなり、届出のみとなりました）。

　EU REACH規則では、年間1トン以上で登録が必要ですが、中国版REACH規則では、新規化学物質は年間量にかかわらず、何らかの申告が必要です。

　通常登記および簡易登記では申告書類の審査が行われ、登記証が交付されます。届出申告の場合は、申告書が受理されれば、申請内容に応じた活動が可能です。

　簡易申告、通常申告で提出しなければならない生態毒性試験報告書は、原則として中国で資格認定された試験機関で中国の試験用生物を使った試験が必要です。中国外の試験機関は国際的に認められている試験管理を行っている機関である必要があります。

1．通常登記（年間10トン以上）（旧法：1トン以上で扱い量により細分）

　申告情報として次の書類の提出が求められます。

- ・通常登記申請書（法人証明書または営業許可証、代理人が登録する場合はその契約書、合意書、または承認書を含む）
- ・物理的・化学的特性、毒性および生態毒性試験報告書またはデータ（生態毒性試験は中国のテスト生物を使用した試験をする必要があります）
- ・環境リスク報告書（環境リスク評価、対策とその妥当性分析、不合理な環境リスクの有無）
- ・環境管理措置と環境管理要件の実施・伝達に関する誓約書
- ・試験機関の資格証明書

・環境リスクおよび健康リスクに関するその他の情報

　有害性の高い化学物質に関しては、社会的・経済的利益分析により他の代替手段と比較して明白な利点があることを示す分析資料を示す必要があります（新法で追加）。

　通常登記された化学物質は登記5年後に現有化学物質名録に収載されます。

　旧法で登記された化学物質は、登記日から通算して5年で収載されますが、登記後に現在まで製造または輸入の実績がない場合には、新法の発効日である2021年1月1日を起点として5年後に収載されますので注意が必要です。

２．簡易登記（年間10トン未満1トン以上）（旧法：特性や用途で細分）

　申告情報は以下のとおりです。

・簡易登記申請書

・物理的・化学的特性、生態毒性試験報告書または水性環境残留性、生物蓄積性および毒性などのデータ（生態毒性試験は中国のテスト生物を使用した試験をする必要があります）

・環境管理措置と環境管理要件の実施・伝達に関する誓約書

３．届出（年間1トン未満、モノマー2％未満または低懸念ポリマー）（旧法：科学研究目的で年間0.1トン未満）

　以下の書類を提出することにより製造および輸入をすることができます。

・届出申告書

・環境および健康危害性と環境リスクに関するその他情報

４．新用途の登録

　申請された用途に環境管理が必要な物質については、登録証に条件が付されます。「中国現有化学物質名録」に収載される場合には、その用途や条件が記載されます。したがって「中国現有化学物質名録」で規定された以外の用途で使用する場合は、新用途の登録が必要になります。

これも知っておこう！

１．申告者について

　申告ができるのは中国国内の生産事業者（製造者）、輸入事業者（貿易商）ですが、EU REACH規則と同じく、中国国外の企業は代理人に委託して申告すること

中国：新規化学物質環境管理登記弁法（中国版REACH規則）

序章
第1章
第2章
第3章
第4章
第5章
第6章
第7章
化学物質規制について

ができます（旧法では代理人資格要件が定められていましたが、新法では削除されました）。このときの申告人は国外の製造者または輸出者となります。

２．追跡管理について

中国版REACH規則は、新規化学物質の登記後に、下記の追跡管理を行うことが必要です。

- 情報伝達：「加工使用者」（川下ユーザー）に登記証に規定する登録書番号または届出受領番号、新規化学物質の申請用途、新規化学物質の環境および健康への危険有害性と環境リスク管理対策、新規化学物質の環境管理要件等の情報を伝達する義務があります。
- リスク管理：加工使用者は、登記証により、リスク管理措置を実施することが要求されています。
- 譲渡の禁止：リスク管理措置をとる能力のない加工使用者に譲渡することは禁止されています。
- 活動報告：通常申告の場合は、初回の活動（生産・輸入）の30日以内に活動状況報告をする必要があります。
- 通常・簡易登録については、新規化学物質の製造・輸入・使用の時期、量、使用状況等の活動記録を10年間、届出については３年間保存することが必要です。
- 登録物質（通常登録、簡易登録）については、最初の製造・輸入日から60日以内に、活動報告をする必要があります。
- 通常登録で、環境管理の条件が付けられている場合は、登録後、前年度の実績を４月30日までに報告をする必要があります。

📖 参考情報

* 1　http://www.mee.gov.cn/xxgk2018/xxgk/xxgk02/202005/t20200507_777913.html

* 2　http://www.mee.gov.cn/xxgk2018/xxgk/xxgk06/202008/t20200817_793827.html?keywords=

* 3　https://www.mee.gov.cn/ywgz/gtfwyhxpgl/hxphjgl/wzml/

Q 　中国での新規物質登録の要点を教えてください。この物質はEU REACH規則の登録はしており、データは保有しています（新法で回答、旧法を括弧表記）。

A 　新規物質登録・申告は、1）通常申告：年間製造・輸入量が10トン（1トン）以上の場合、2）簡易申告：年間製造・輸入量が10トン未満および1トン以上の場合（1トン未満またはR&Dを目的とした年間0.1トン以上年間1トン未満の新規化学物質の場合）、3）届出：年間製造・輸入量1トン未満（科学研究届出申告：科学研究を目的とし、年間生産量または輸入量が0.1トン未満の場合、または、中国国内で中国の試験用生物を用いて生態毒性学特性試験のための試験サンプルとして輸入する場合）の3分類に分かれています。

（ビジネスとして製品を輸出する場合は、）原則として製造・輸入前に通常申告、簡易申告または届出（旧法は届出がない）を行う必要があります。

申告資料として、通常申告および簡易申告では「生態毒性試験報告」が要求されます。この試験は「中国国内で中国の試験用生物を用いて関連する標準規定に照らして完成した試験データを含まなければならない」としています。日本など中国以外の国は、試験用物質を輸出しなくてはならなくなりますが、この試験用の輸出は「届出」が受理されれば可能です。「生態毒性試験」は、新規化学物質環境管理登記指南（案）*1では、優良試験所基準（GLP）に関するOECD原則を採用して作成されたHJ/T 155（化学品試験合格実験室ガイドライン−2013年第2版）などに適合している中国で認定された試験所で行わなくてはなりません。その他の資料は、「新規化学物質申告登記の手引」*2の「データの品質要件」で「申告データは、試験報告、公表された権威ある文献、権威あるデータバンク、QSAR（Quantitative Structure-Activity Relationship：定量的構造活性相関）、専門家声明などの方法によるデータ等を用いることができる」としているので、EU REACH規則の登録データが利用できます。

📖 参考情報

* 1　http://www.mee.gov.cn/xxgk2018/xxgk/xxgk06/202008/t20200817_793827.html
* 2　https://www.mee.gov.cn/gkml/hbb/bgt/201009/t20100921_194878.htm

中国：新規化学物質環境管理登記弁法（中国版REACH規則）

序章

第1章

第2章

第3章

第4章

第5章

第6章

第7章

化学物質規制について

Q　低懸念ポリマーで通常申告するケースとはどのようなものが想定されるのでしょうか（新法で回答、旧法を括弧表記）。

A　現有化学物質名録に未収載のポリマーは新規ポリマーとして申告が必要です。申告には、製造・輸出量に応じて通常申告、簡易申告、届出（科学研究届出申告）に分類されますが、新規ポリマーが年間10トン以上（1トン以上）の場合、通常申告が必要です。ただし、特定の要件を満足する場合には、要求される情報が免除される、あるいは特殊状況の簡易申告が可能になります。

新規ポリマーは以下のいずれかの要件に適合する場合は通常申告です。

1）ポリマー中に重金属または陽イオンを含有する

2）ポリマーが水溶性である

3）トルエンなどの有機溶剤に溶解性がある

4）pH1.2、4.0、7.0、9.0での安定性がない

5）低懸念ポリマーの要件を満足しない

なお、低懸念ポリマーは以下のように定義されています。

1）平均分子量が1,000～10,000ダルトン（ダルトンとは分子の質量を表す単位です）の範囲にあるポリマーにあっては、分子量が500ダルトンより低いポリマー含有率が10%未満、分子量が1,000ダルトンより低いポリマー含有率が25%未満。ただし、例えば、重金属、イソシアネート基等の高懸念または高反応性の基を含有していないこと

2）平均分子量が10,000ダルトン以上で、分子量が500ダルトンより低いポリマー含有率が2%未満、分子量が1,000ダルトンより低いポリマー含有率が5%未満

3）ポリエステルポリマー

低懸念ポリマーを通常申告する場合は、輸出量に関係なく毒性データ、環境毒性データが免除されます。通常申告の申告書提出から登記決定までの審議・評価の処理期間は最低80日と規定されています。低懸念ポリマーは一般新規化学物質として分類でき、中国国内の加工使用者へ輸送してから30日以内に初回活動報告を提出する必要があります。初回活動報告の提出日より満5年後に「現有化学物質名録」に収載されます。

中国：危険化学品安全管理条例

「危険化学品安全管理条例」（中国国務院令第591号）

危険化学品安全管理条例は、中国における危険化学品の製造または輸入から販売・貯蔵・運送・使用等までサプライチェーンの各段階に関わる管理のための規制として制定されています。現条例は2013年に修正、公布され同年12月7日から施行されています。

2020年7月現在、この条例を「危険化学品安全法」として改訂する作業が進められています。現在は意見公募のための草案を関係機関に回付していますが、今後の予定は未定です。本法成立後は「危険化学品安全管理条例」は廃止の予定です。

 ## 何のための規制？

危険化学品の安全管理を強化し、危険化学品事故を予防、減少させ、国民の生命や財産の安全を保障し、環境を保護することを目的としています。

 ## 対象となる物質は？

該当する危険化学品を「有毒性、腐食性、爆発性、燃焼性、助燃性等の性質を有し、人体、施設、環境に対して危害がある猛毒化学品とその他の化学品」（第3条）と定義しています。2015年には、「危険化学品目録（2015年版）」が公表され、2,828物質が特定されています。[1]

危険化学品目録（2015年）のNo.2828は、単一物質ではなく「可燃性溶剤、塗料、助剤、塗料その他の製品を含む合成樹脂［密閉引火点≤60℃］」で、危険化学品目録（2015年版）実施ガイド（試行）ではアミノ樹脂塗料やアクリル樹脂塗料など88の細分項目が記載されています。

中国：危険化学品安全管理条例

序章

第1章

第2章

第3章

第4章

第5章

第6章

第7章

化学物質規制について

 何をしなくてはいけないの？

1. 登記

　危険化学品目録に収載されている危険化学品については、「製造、貯蔵の安全」、「使用の安全」、「経営の安全」のために、安全監督管理を行う担当部門が、国の関連法令に基づき、行政許可等の手段で管理を行います。

　危険化学品を取り扱う中国国内の企業は、危険化学品安全管理条例の総合センターの役割を担当する国家安全生産監督管理総局に、「危険化学品登記管理弁法」（国家安全生産監督管理総局第50号令）に基づいて、危険化学品登記を行わなければなりません。なお、輸出企業には登記の義務はありません。

2. 未確定の危険化学品の分類

　混合物や目録に未収載の危険化学品については、その化学品の危険特性を明確にするため、企業は「化学品物理危険性鑑定・分類管理弁法」（国家安全生産監督管理総局第60号令）に従い、分類を行うことが求められます。未確定の化学品を輸出する企業は、中国の鑑定機関にこの化学品の危険性の鑑定を依頼できます。

 これも知っておこう！

　この条例では、危険化学品の登記とSDS（化学品安全技術説明書）の提供、化学品安全ラベルの貼付を要求しています。登記に関しては中国企業に義務がありますが、輸出企業には義務を課していません。

　日本企業にとっては、危険化学品を輸出する場合にGB13690に対応するラベルとSDSの提供を行うことが必要となることに留意する必要があります。

　危険化学品安全管理条例の条文では、危険化学品についてSDSの提供、ラベルの表示の義務を課しています（第15条）。しかし、中国へ化学品を輸出する場合は、本条例で作成される「危険化学品目録」に収載されている化学品だけでなく、国家標準「GB30000」分類基準で危険有害性に分類される化学品については、SDSを提供し、ラベル表示をすることが必要です。

Q 中国で輸入し使用している混合物が、危険化学品目録2015年版の目録リストに該当しないものの、目録中の「確定原則」に該当し、かつ物理化学的危険性は未確定です。この混合物は登記すべきでしょうか。また、登記しなかった場合は、どのような罰則がありますか。

A 危険化学品目録（2015年版）（以下、新目録）は、「危険化学品安全管理条例」（国務院令第591号）の定めにより、国務院安全生産監督管理部門と工業・情報化部、公安部、環境保護部、衛生部、品質監督検験検疫総局、交通運輸部、鉄道部、民用航空局、農業部が共同で化学品危険特性鑑別分類基準に基づき制定しています。新目録に収載されている化学品は、10部門が所管する法規制を遵守する必要があります。

新目録の「確定原則」は冒頭に記述されており、危険有害性の定義と決定の原理が示されています。原理では、物理化学的危険性、健康有害性、環境有害性について、国家標準に基づいて化学品の危険の分類が定められます。新目録に収載されている化学品の分類については、2015年8月19日付で国家安全生産監督管理総局から「危険化学品目録（2015版）実施ガイド（試行）」の付録「危険化学品分類情報表」として公表されています。

登記については、危険化学品安全管理条例に基づき「危険化学品登記管理弁法」（国家安全生産監督管理総局第53号令）が制定され、具体的な対応については「危険化学品目録（2015版）実施ガイド（試行）」に説明されています。

新目録に収載されている化学品については、「危険化学品分類情報表」の分類を採用する必要があります。目録に収載されている化学物質を70％以上含有する混合物で分類が未確定の化学品については、「化学品物理危険性鑑定・分類管理弁法」（国家安全生産管理総局第60号令）に従って危険性の鑑定を行い分類し、危険性と分類される化学品は経営許可を取得して「危険化学品登記管理弁法」（国家安全生産監督管理総局第53号令）に基づいて登記を行う必要があります。

目録に収載されている化学物質を70％未満含有する混合物で分類が未確定の化学品については、上述と同様に危険性の鑑別を行い、危険性と分類される場合は登記を行う必要があります。この場合、経営許可の取得の必要はありません。

このQ&Aでは、化学品は新目録のリストに該当しないものの、確定原則には該当し、かつ物理化学的危険性が未確定ということですので、まずは危険化学品と

中国：危険化学品安全管理条例

序章

第1章

第2章

第3章

第4章

第5章

第6章

第7章

化学物質規制について

しての鑑定分類を行い、危険化学品と分類された場合には登記を行うことが必要です。登記は輸入の前に行う必要があります。

　また、危険化学品安全管理条例では、国家基準の要求を満たす化学品安全ラベルが不備の状態で危険有害物質を流通させている危険化学品生産企業に対して罰則を科しており、罰則は第7章（法律責任）第75条から第96条にわたって、各組織や義務に対する違反について、詳細に定めています。

　例えば、第75条では、「国が、その製造及び経営並びに使用を禁止する危険化学品を製造及び経営並びに使用する場合は、安全生産監督管理部門がその製造及び経営並びに使用活動の停止を命じ、20万元以上50万元以下の罰金を科し、違法の所得がある場合はその違法所得を没収する。犯罪として取り扱うことが必要な場合は、法律に基づいて刑事責任を追及する。」（環境省訳）としています。

　第76条では、安全審査を受けていない場合の罰金額は、50万元以上100万元以下の罰金となっています。

📖　参考情報

＊1　https://www.jisha.or.jp/international/topics/pdf/201703_03.pdf

23

米国：有害物質規制法（TSCA）

「1977年　有害物質規制法」（Toxic Substances Control Act）

TSCA（有害物質規制法）は、人の健康または環境を損なう不当なリスクをもたらす新規化学物質の登録と特定化学物質の規制を目的として、化学品の製造者および輸入者を対象に1977年1月に施行されました。しかし、リスク評価が十分にできていない等の問題から、EPAの権限を強化する等の検討が行われ、2016年に「フランク R. ローテンバーグ21世紀化学物質安全法（以下、「TSCA」）*¹」が制定され、施行されています。

 何のための規制？

TSCAは、化学物質による人の健康や環境への悪影響を防止するために、リスクベースで評価し、化学製品の製造、輸入、加工、使用、廃棄等について規制することを目的にしています。主な施策は次のとおりです。

1）新規物質の製造前届出（PMN：Pre-Manufacturing Notice）
2）重要新規利用規則(Significant New Use Rule：SNUR)が適用される物質の指定および当該物質の重要新規使用届出(Significant New Use Notification：SNUN)
3）EPAによるリスク評価およびその結果に基づく規制の実施

対象となる物質は？

1．新規化学物質（届出対象）

TSCAではSection5で事業者当たり年間10トン以上製造または輸入する新規化学物質について届出（PMN）の義務を規定しています。新規化学物質はTSCAインベントリ*²に収載されていない物質です。このTSCAインベントリは必要に応じて随時更新されていますので、最新版を確認する必要があります。

ただし、成形品の一部として輸入または加工される物質は免除されると規定さ

米国：有害物質規制法（TSCA）

序章

第1章

第2章

第3章

第4章

第5章

第6章

第7章

化学物質規制について

れています。ただし、成形品の一部であるがSNUR適用が規定されている物質は免除の対象外です。

　新規化学物質ではありませんが、TSCAインベントリーに掲載されている休眠物質（inactive substances）を商業目的で製造・輸入しようとする事業者は、その90日前までに活動届出（NOA・Notice of Activity）様式Bを提出する必要があります。*3

2．SNUR（Significant New Use Rule：重要新規利用規則）適用物質

　化学物質および混合物を、PMN評価のときに想定していなかった懸念を引き起こす可能性のある新しい使用方法で使用する場合には事前にEPAへの通知が必要です。その物質が対象であるかを判断する基準は以下の項目を含む関連要因をすべて考慮して行われます。

　・化学物質の製造および処理の予測使用量
　・使用方法の変更が人や環境へのばく露の種類や形態を変える程度
　・使用方法の変更により人や環境へのばく露の規模と期間が増加する程度
　・化学物質の製造、加工、商業流通および廃棄の方法が合理的に予想される方法であること。

　ChemViewの［Show Output Selection］領域の［EPA Actions］の下にあるSNURボックスをチェックすることにより、ChemViewに登録されているすべてのSNURを確認することができます。*4

 何をしなくてはいけないの？

1．新規物質の製造前届出（PMN）

　新規物質を製造または輸入する90日前までに、届け出をしなければなりません。提出しなければならない主な情報は下記のとおりです。

　1）物質のアイデンティティ（CAS名称、CAS番号、分子構造、不純物、副生成物の特定）
　2）最初の1年間の製造（含む輸入）最大推定量
　3）用途カテゴリー
　4）届出者が管理するサイトの情報
　5）人の健康および環境へ影響する試験データ

　なお、健康と環境への影響に関する試験データやその他のデータの提出では、

試験データは届出者が保有もしくは管理しているデータや文献で、項目自体は明確にされていませんが、インストラクションマニュアルで物理的化学的性質および環境運命データ（クロマトグラム、スペクトル（紫外、可視、赤外）等）、健康影響データ（変異原性、発がん性、生殖影響等）、環境影響データ（微生物生物検定、藻類生物検定等）が例示されています。[*5]

２．重要新規利用届出（SNUN）

SNUR適用とされた物質を、その指定された条件以外で製造するか用途で使用する場合は、90日前までにSNUNを提出する必要があります。

また、成形品中の含有するSNUR適用物質によってリスクが生じる可能性がある場合、その成形品の輸入や加工の届出を要求される場合があります。

３．化学物質の実績報告（Chemical Data Reporting；CDR）

製造・輸入の状況の把握や化学物質のばく露によるリスクを評価するために、４年ごとに年間25,000ポンド以上の製造、輸入された物質、および、2,500ポンド以上の同意指令、SNUR等個別に規制される物質について報告の義務があります。

なお、報告は電子データでCDX（Central Data Exchange）を利用してe-CDR（Webレポートツール）で行います。

 これも知っておこう！

TSCAの重大な変更点としては、新規化学物質や既存化学物質の管理に関する米国環境保護庁（EPA）長官の権限が強化されるとともに、具体的な連邦規則（CFR）の策定をEPAに義務付けました。

その他改正TSCAの主な修正点としては以下があります。

１）化学物質のリスク評価に向けた優先順位付け

既存物質について、優先順位を付けてリスクベースで評価をするプロセスを構築することが求められます。潜在的にハザードがあり、ばく露経路により人の健康と環境に不当なリスクの可能性がある物質を指定し、高い優先順位でリスク評価を行います。EPAは、20の高優先物質（high-priority substances）と20の低優先物質（low-priority substances）を選定しています。

２）優先実施権

2016年４月22日以前に施行されている州法（プロポジション65など）はTSCAより

米国：有害物質規制法（TSCA）

序章

第1章

第2章

第3章

第4章

第5章

第6章

第7章

化学物質規制について

優先され継続します。

　3）TSCAインベントリのリセット；アクティブ物質リストの作成

　2017年8月11日に、連邦規則が公布されました。この規則では、TSCAインベントリ収載物質について過去10年間の製造、加工実績があった物質はアクティブ物質リストに収載し、収載された物質は、1）で説明したのと同じ手順で、高優先物質、低優先物質に分類されています。高優先物質に分類された中から、リスク評価が行われます。

　アクティブ物質リストに収載されていない物質は、インアクティブ物質とされ、たとえTSCAインベントリに収載されていても、その製造・使用の90日間までに届出をする必要があります。

参考情報

* 1　https://www.epa.gov/assessing-and-managing-chemicals-under-tsca/frank-r-lautenberg-chemical-safety-21st-century-act

* 2　https://www.epa.gov/tsca-inventory/how-access-tsca-inventory

* 3　https://www.epa.gov/tsca-inventory/tsca-inventory-notification-active-inactive-rule

* 4　https://chemview.epa.gov/chemview

* 5　https://www.epa.gov/sites/production/files/2015-06/documents/instruction_manual_2015_5-26-2015.pdf

Q TSCAでのリスク評価はどのように行うのでしょうか。

A TSCAでは新規化学物質や既存化学物質の管理に関する米国環境保護庁（EPA）長官の権限が強化され、EPAはいくつかの連邦規則（CFR）を策定しました。

その中でリスク評価に関する規則について記載します。

1．化学物質のリスク評価に向けた優先順位付け手続きに関する規則[*1]

TSCAの第6条（b）（1）では、既存化学物質のリスク評価を行うための優先順位付けを下記のように規定しています。

　1）高優先物質：潜在的な有害性およびばく露経路によって健康や環境に影響を及ぼす「不当なリスク」が存在する可能性がある物質

　2）低優先物質：高優先物質の基準に合致しない物質

上記優先順位付けに指定するためのスクリーニング手続きは次の4つのステップで実施されます。

　1）優先順位付けの対象物質を選定する「予備的優先順位付け」段階

　2）対象物質の情報収集およびスクリーニング評価を行う「実施」段階

　3）優先順位付け案を提示し意見募集を行う「指定提案」段階

　4）優先順位付けを決定する「最終指定」

2．化学物質のリスク評価手続きに関する規則

上記スクリーニング手続きによって「不当なリスク」の存在可能性が示された物質等を対象に、「不当なリスク」の有無を決定する「リスク評価」の手続きについて規定されています。この規則では、リスク評価は次の3つのいずれかに該当する化学物質に対して、「範囲の特定」、「リスク評価」、「リスクの判定」の流れで実施され、リスク評価では、健康や環境へのリスクに関係しないコスト等の要素は考慮されません。

　1）2016年11月に初期リスク評価対象として特定されたトリクロロエチレン等の10物質

　2）優先順位付けの結果「高優先物質」に指定された物質

米国：有害物質規制法（TSCA）

序章

第1章

第2章

第3章

第4章

第5章

第6章

第7章

化学物質規制について

３）製造者が要請した物質

リスク評価の結果として、「不当なリスク」の有無が示されます。

３．個別物質のリスク低減措置に関する規則

　　TSCAの第6条では、リスク評価によって「不当なリスクがある」と判断された物質については、リスク管理措置が検討・実施されることになります。

　　現時点ではTSCAに基づくリスク評価は完了していませんが、TSCA成立前から実施されていたTSCAワークプランでリスク評価が完了していた物質については、TSCA第6条に基づくリスク管理措置として特定用途で使用される物質を禁止する規則が規定されています。

参考情報

＊1　https://www.federalregister.gov/documents/2017/01/17/2017-00051/
procedures-for-prioritization-of-chemicals-for-risk-evaluation-under-the-toxic-
substances-control

米国カリフォルニア州：プロポジション65

「カリフォルニア州安全飲料水及び有害物質執行法」（Safe Drinking Water and Toxic Enforcement Act of 1986）[*1]

1986年11月に米国のカリフォルニア州で発効した法律で、プロポジション65と呼ばれています。

何のための規制？

この法律の目的は、次の2つです。

1．飲料水への排出規制（§25249.5）

事業者が、発がん性物質と生殖毒性物質を飲料水源に流入させるか、またはその可能性がある場合、その排出を規制します。

2．ばく露前の警告（§25249.6）（施行規則 §25601）

消費者あるいは作業者が、発がん性物質と生殖毒性物質についてばく露する可能性がある場合、事業者に対して事前に警告する義務を課しています。明確で妥当な警告を与えることなく、発がん性物質と生殖毒性物質について意図的なばく露をすることを規制します。ばく露とは物理的な体表面への接触、吸引、摂取などと定義されています。

対象となる物質は？

該当する化学品はThe Proposition 65 List（Prop65 list）[*2]にて確認できます。ここには、カリフォルニア州環境保護庁（OEHHA：The Office of Environmental Health Hazard Assessment）ウェブサイト[*3]に1,000種以上の物質が収載されています。

🐦 何をしなくてはいけないの？

序章

第1章

第2章

第3章

第4章

第5章

第6章

第7章

化学物質規制について

プロポジション65は、2016年8月30日に§25601（Clear and Reasonable Warnings：明快で妥当な警告）等の警告表示に関する条項の改正が公布され、2018年8月30日から施行されています。

警告表示は、"§25602 消費者向け製品ばく露警告""§25604 環境ばく露警告""§25606 職業ばく露警告"などが要求されます。

対応のために、新旧対比表"TITLE 27 CAL CODE OF REGS. ARTICLE 6 CLEAR & REASONABLE WARNINGS: Side-by-Side Comparison"も用意されています。*4

消費者向け製品ばく露警告では、シンボルマークと警告文を表示します。発がん性物質の場合は次のとおりです。

■ 消費者向け製品ばく露警告

Warning symbol

WARNING
"This product can expose you to chemicals including [name of one or more chemicals], which is [are] known to the State of California to cause cancer.
For more information go to www.P65Warnings.ca.gov."

出典：Proposed Repeal of Article 6 and Adoption of New Article 6 Regulations for Clear and Reasonable Warnings
https://oehha.ca.gov/media/downloads/crnr/art6fsor090116.pdf

生殖毒性物質の場合は"cancer"を"birth defects or other reproductive harm"に変えます。

発がん性と生殖毒性物質をそれぞれ含有する場合は、"This product can expose you to chemicals including [name of one or more chemicals], which is [are] known to the State of California to cause cancer, and [name of one or more chemicals], which is [are] known to the State of California to cause birth defects or other reproductive harm. For more information go to www.P65 Warnings. ca.gov."となります（[name of one or more chemicals] の部分に、該当する物質名を入れます）。

プロポジション65には、濃度限界という概念はないので、Prop65 listには、NSRLまたはMADL（μg/day）が示されています。NSRLは、発がん性物質の有意

にならないリスクレベルで、MADLは生殖毒性物質の最大許容量レベルを示しています。自社製品の用途からばく露量を確認して、NSRLまたはMADL以下であることを評価する義務があります。

　プロポジション65の"The Proposition 65 List"は製品含有を規制するものではないのですが、無影響量を超えてばく露する場合に警告ラベルの貼付が義務となります。消費者向け製品の場合には、簡略警告表示を選択することが認められています。ただし、簡略警告表示を選択する場合には、警告表示は目立つように記載すること、警告表示のフォントサイズは他の説明書き等の最大フォントサイズ以上とし、かつ6ポイント以上のフォントを使用する等の制約があります。[*5]

　無影響量以下の場合は、警告ラベルの貼付は不要です。

　プロポジション65は消費者の「知る権利法」の1つであり、作業者や消費者が物質リストに記載された有害物質の人体へのばく露（体表面への接触によるばく露、飲み水や空気からのばく露、職務中のばく露などあらゆるばく露）の可能性がある場合、事前に警告（告知）、「明確かつ合理的な警告」（プロポジション65警告）を表示することを義務付けるものです。

 これも知っておこう！

　企業は、ばく露ががんや先天性障害、生殖障害の重大なリスクを引き起こさない程度に低い場合には、警告を発する必要はありません。ただし、ばく露による重大なリスクの決定は事業者の責任とされます。

　第2条（ガイドラインおよび安全使用判定手続き）の§25204（安全使用判定）で、裁判中などの特定条件を除いて、警告表示の免除要求の要件が示されています。

　OEHHAは法律の影響を受ける、または影響を受ける可能性がある個人または組織に指針を提供するために、事業活動または将来の事業活動に対する法の規制内容に対する適合性を検討します。

　OEHHAによって発行された安全使用判定は、SUDの要請に示された要件に対する法の適用に関する最善の判断を示したものです。

　SUDの依頼には、手数料1,000ドルと検討に関する実費が要求されます。OEHHAは、要求者が手数料の支払いが困難と判断した場合、あるいは公共の利益になると判断した場合には、手数料の一部または全部が免除されます。

米国カリフォルニア州：プロポジション65

序章

第1章

第2章

第3章

第4章

第5章

第6章

第7章

化学物質規制について

参考情報

*1　https://oehha.ca.gov/proposition-65/law/proposition-65-law-and-regulations

*2　https://oehha.ca.gov/proposition-65/proposition-65-list

*3　https://oehha.ca.gov/proposition-65/

*4　https://oehha.ca.gov/proposition-65/crnr/notice-adoption-article-6-clear-and-reasonable-warnings

https://oehha.ca.gov/media/downloads/crnr/art6modifiedtextmarked032516.pdf

*5　https://www.p65warnings.ca.gov/sites/default/files/art_6_business_qa.pdf

Q 　プロポジション65での、電気電子製品の場合に必要となる対応について教えてください。

A 　カリフォルニア州で電子製品を販売・流通しようとする事業者は、プロポジション65に対応する必要がありますが、プロポジション65は、化学物質の使用を禁止、制限するものではありません。作業者や消費者が有害物質にばく露する可能性がある場合に事前に警告（告知）することを義務付けるもので、含有していてもばく露する可能性がない場合には対応する必要はありません。一部の化学物質については警告レベルが示されています。

1．対象物質について

　プロポジション65の対象となる物質リスト（The Proposition 65 List）は、カリフォルニア州環境保護庁（OEHHA）のウェブサイトで公表されており、このリストには1,014種（2020年1月3日版）の化学物質が収載されています。物質リストは随時更新されます。

2．警告レベルについて

　プロポジション65のFAQでは、ばく露の危険性を警告する必要があるかどうかを決定するためには目安として安全基準値（Safe harbor level）を参照することを推奨しています。物質リストに掲載のほとんどの物質に対して発がん性物質に関して「重大なリスクを与えないレベル（No Significant Risk Levels：NSRLs）」が、生殖毒性物質に関して「最大許容量レベル（Maximum Allowable Dose Levels：MADLs）」が決められており、OEHHAのウェブサイトで公表されていることが説明されています。

　該当の物質がこのレベルを超えてばく露している場合に警告をする必要があると判断するもので、ばく露の量がこのレベルを超えていなければ、「重大なリスク」を与えていないとみなされ、警告する必要はありません。ただし、他の法令で規制されている場合にはその法令に従う必要があります。例えば子供用玩具に関しては、消費者製品安全改善法（CPSIA：Consumer Product Safety Improvement Act）でDEHPなど8種類のフタル酸エステル類が0.1％以上含有する製品の上市が禁止されています。

米国カリフォルニア州：プロポジション65

序章

第1章

第2章

第3章

第4章

第5章

第6章

第7章

化学物質規制について

　なお、Safe harbor levelが決められていない化学物質の場合には、ばく露に対してのリスクがないことを示さない限り原則として警告の表示義務が発生します。

　FAQによれば、物質リストに収載された化学物質への予想されるばく露レベルの決定は、非常に複雑になる可能性があります。物質リスト収載の化学物質へのばく露がsafe harbor levelを超えることがなく、プロポジション65の警告を必要としないと思われる場合は、有資格の専門家に相談する必要があります。

　ただ、これも複雑になりますので、日本企業は、クレーム回避のために表示を選択している場合が多いです。

3．警告表示について

　プロポジション65は消費者の「知る権利法」の１つであり、作業者や消費者が物質リストに記載された有害物質の人体へのばく露（消費者製品からのばく露、飲食からのばく露、環境からのばく露、職場でのばく露、などあらゆるばく露）の可能性がある場合、事業者は事前に「明確かつ合理的な警告」（プロポジション65警告）を表示する義務があります。

日本：化学物質の審査及び製造等の規制に関する法律（化審法）

「化学物質の審査及び製造等の規制に関する法律」

　化審法[*1]は、人体や環境への懸念が考えられる化学物質の審査と規制を目的として、化学品の製造者および輸入者を対象に制定された法律です。2011年4月に従来のスクリーニング評価にリスク評価管理を加え、またストックホルム条約（POPs条約）に対応するため第一種特定化学物質に例外用途を盛り込んで大幅改正されました。

何のための規制？

　この法律は人の健康を損なう恐れまたは動植物の生息もしくは生育に支障を及ぼす恐れがある化学物質による環境の汚染を防止するために、主に、1）新規化学物質の事前審査、2）上市後の化学物質の継続的な管理措置、3）化学物質の性状等に応じた規制および措置について規制を課しています。

対象となる物質は？

　化学物質およびその製品が対象で、放射性物質、毒劇法の特定毒物、覚せい剤取締法や麻薬取締法など他法令によって規制されるものを除く物質です。既存化学物質以外の化学物質は「新規化学物質」とされ、また既存化学物質は化学物質の性状等によって、「第一種特定化学物質」、「第二種特定化学物質」、「監視化学物質」、「優先評価化学物質」、「一般化学物質」に分類されます。

何をしなくてはいけないの？

1. 新規化学物質の届出・申出

　新規化学物質の製造者および輸入者は、原則、上市前に国による事前審査また

日本：化学物質の審査及び製造等の規制に関する法律（化審法）

序章
第1章
第2章
第3章
第4章
第5章
第6章
第7章
化学物質規制について

は事前確認を受ける必要があり、必要な情報の届出・申出が義務付けられています。新規化学物質の届出・申出は「通常新規化学物質の届出」に基づき実施します。ただし、所定の条件を満たす場合には、「低生産量新規化学物質の届出」や「少量新規化学物質の申出」、「中間物等に係る事前確認の申出」、「高分子化合物の事前確認の申出」などにより、提出する情報や手続さが簡素化されます。

２．製造・輸入量および用途の事後届出

既存化学物質のうち、一般化学物質および優先評価化学物質を年間１トン以上、監視化学物質を年間１kg以上製造・輸入する事業者は毎年度の製造・輸入実績や用途を翌年度の７月31日までに届出するよう義務付けられています。これらの事業者から届出された情報をもとに国がリスク評価を実施し、その結果、所定の条件に合致した場合には、一般化学物質から優先評価化学物質に、優先評価化学物質から第二種特定化学物質等に、物質の指定が変更されます。

３．特定化学物質の種類に応じた義務

第一種特定化学物質に指定された化学物質やこれらの物質を使用した指定製品については、許可を受けた一部の用途を除き、原則製造や輸入が禁止されます。第二種特定化学物質に指定された化学物質やこれらの物質を使用する製品を製造・輸入する事業者には、製造・輸入の１カ月前までに予定数量を届出するとともに、年間の製造・輸入量が１kg以上の場合は、製造・輸入実績を翌年度の４月１日から６月30日までに届出しなければなりません。

 これも知っておこう！

分解性のよい化学物質でも、ばく露量が多ければ環境汚染の可能性があり、改正により、「良分解性」の性状を持つ化学物質も規制の対象です。

参考情報

＊１ https://www.meti.go.jp/policy/chemical_management/kasinhou/files/about/laws/laws_r02040110_1.pdf

Q 化審法の「優先評価化学物質」について教えてください。

A 「優先評価化学物質」[1、2]は人または環境への長期毒性に該当しないことが明らかでなく、人または環境へのリスクがないとは判断できない化学物質であり、当該化学物質のリスク評価を優先的に行う必要があるとして厚生労働大臣、経済産業大臣および環境大臣（三大臣）が指定したものです。

1トン以上国内で製造・輸入する場合には、毎年度、実績数量と用途を経済産業大臣に届け出る義務と、譲渡したときに当該化学物質が優先評価化学物質であることを示す情報を譲渡先に提出する努力義務が事業者に発生します。

三大臣が人または生活環境動植物へリスクがあると判定した場合は、第二種特定化学物質に指定されます。

優先評価化学物質数は2020年4月現在、31物質が削除されて、追加を含めて226物質になっています。[3]

「優先評価化学物質」の創設により、従来の危険有害性のみ着目していた「第二種監視化学物質」と「第三種監視化学物質」は廃止され、「第一種監視化学物質」は「監視化学物質」に名称を改めました。

📖 参考情報

---

* 1　https://www.meti.go.jp/policy/chemical_management/kasinhou/about/substance_list.html
* 2　http://www.meti.go.jp/policy/chemical_management/kasinhou/about/laws.html#section3
* 3　http://www.meti.go.jp/policy/chemical_management/kasinhou/information/ra_17040301.html

日本：化学物質の審査及び製造等の規制に関する法律（化審法）

序章
第1章
第2章
第3章
第4章
第5章
第6章
第7章

化学物質規制について

Q　　　新規化学物質の製造・輸入量が少ない場合でも化審法の規制対象となるのでしょうか。また、新規化学物質の届出の動向を教えてください。

A　　　化審法では、新規化学物質を国内において製造・輸入しようとする場合には、厚生労働大臣、経済産業大臣および環境大臣（三大臣）に一定の事項を届け出なければならないことを規定していますが、新規化学物質にかかる事前の届出を行えば、上記の届出を行う必要がないこととされています[*1]。ただし、下記に該当する場合には事前届出は不要です。

1）低生産量新規化学物質

人の健康と生態への影響について知見がなく「分解性」・「高蓄積性」がないと判断し、年間の環境排出量が10トン以下であることが三大臣により確認できた場合に事前提出は不要とされています。

2）少量新規化学物質

年間の国内合計の環境排出量が1トン以下であると三大臣が確認できた場合に事前届出は不要とされています。確認の申出期間は書面提出は年4回、電子提出は年10回と期間が決まっています。ただし同じ新規化学物質について複数の事業者より確認の申出があった場合は合計1トンを超えない範囲で数量調整を実施します。

3）新規化学物質の届出の動向

2020年度の届出件数は226件と、2012年度の702件を最高に年々減少しています。

2018年度の低生産量新規化学物質の確認件数は1,837件と年々増加していて、用途としては電気・電子材料が多く、全体の30％を占めています。

少量新規化学物質の確認申出件数は2018年度で36,254件になっています。2014年度まで年々増加していましたが、2015年度以降は毎年約36,000件で推移しています。

参考情報

*1　http://www.meti.go.jp/policy/chemical_management/kasinhou/todoke/shinki_index.html

日本：化学物質排出把握管理促進法（化管法）

「特定化学物質の環境への排出量の把握等及び管理の改善の促進に関する法律」

化管法*¹は、特定の化学物質の環境への排出量を把握し、また、対象物質のSDSの提供を義務付け、事業者の自主的な化学物質管理の改善を促す法律です。

 何のための規制？

化管法は、「特定の化学物質の環境への排出量等の把握（Pollutant Release and Transfer Register：PRTR、化学物質排出移動量届出制度）」と「SDS提供の義務化による事業者の自主的な化学物質管理の改善促進」を目的としています。

 対象となる物質は？

人や生態系への有害性（オゾン層破壊性を含む）があり、環境中に広く存在するまたは将来的に広く存在する可能性があると認められる物質として、現在は第一種指定化学物質462物質（特定第一種指定化学物質15物質を含む）、第二種指定化学物質100物質、計562物質が指定されています。*²

令和元年報告書で、化学物質の有害性に関する新たな知見を採り入れ、GHS（Globally Harmonized System of Classification and Labelling of Chemicals）との整合性を強化することにより、有害性とばく露の両方の観点から指定物質の大幅な見直し提案が公表されています。*³

 何をしなくてはいけないの？

第一種指定化学物質の年間取扱量が1トン以上および発がん性のある特定第一種指定化学物質（六価クロム等）は、0.5トン以上で届出が必要です。

40

日本：化学物質排出把握管理促進法（化管法）

序章
第1章
第2章
第3章
第4章
第5章
第6章
第7章
化学物質規制について

事業者が指定化学物質（第一種・第二種ともに）や、それを含む製品を他の事業者に出荷する際に、相手方に対してSDSを提出することを義務付けています。SDSは成分や性質、取扱方法等に関する情報です。ラベル表示に努めることも規定されています。

 これも知っておこう！

化管法におけるPRTR制度では、第一種指定化学物質の排出量および移動量の届出を事業所ごとに、その事業所の所在地の都道府県を経由して行います。都道府県ごとに受付窓口が設定されており、都道府県によってはPRTR制度に独自の条例・指針を制定している場合もあります。

令和元年報告書による見直しで、特定化学物質の選定基準を製造輸入量から排出量に変更する提言がされています。PRTR制度で蓄積された排出量データがあるものに関してはばく露の指標として活用し、データがないものは化審法で採用されている排出係数を用いた推定排出量を用いる方針が出されています。

化管法におけるSDSは、GHSに対応する日本産業規格JIS Z 7252およびJIS Z 7253に従うことが規定されています。同様に、労働安全衛生法と毒物及び劇物取締法でもJIS Z 7252およびJIS Z 7253に従う情報伝達が規定されています。

・JIS Z 7252：GHSに基づく化学品の分類方法
・JIS Z 7253：GHSに基づく化学品の危険有害性情報の伝達方法－ラベル、作業場内の表示及び安全データシート（SDS）

参考情報

* 1　http://www.meti.go.jp/policy/chemical_management/law/index.html

* 2　http://www.meti.go.jp/policy/chemical_management/law/msds/2.html

* 3　https://www.meti.go.jp/shingikai/kagakubusshitsu/anzen_taisaku/kakanho_sentei/20200501_report.html

Q 化管法は「PRTR法」とも呼称されることがありますが、PRTRとは何を意味するのでしょうか。

A 化学物質排出管理促進法は化管法との略称とともにPRTR法と呼ばれることもあります。これは、この法律が「SDSによる情報伝達」とともに「PRTR制度」*¹を柱にしていることに起因します。

PRTRとはPollutant Release and Transfer Registerの頭文字を取ったもので化学物質排出移動量届出制度のことです。特定の化学物質が、どのような発生源からどれくらい環境中に排出されたか、あるいは廃棄物に含まれて事業所の外に運び出されたかというデータを国や都道府県が把握し、集計・公表する仕組みです。

経済産業省および環境省では、人の健康や生態系に有害な恐れのある化学物質が、事業所から環境（大気、水、土壌）へ排出される量および廃棄物に含まれて事業所外へ移動する量を、事業者が自ら把握し国に届出をし、国は届出データや推計に基づき、排出量・移動量を集計・公表する制度を制定しています。

PRTR制度は、大きく分けて3つの部分に分かれています。

1）事業者による化学物質の排出量等の把握と届出

事業者は、個別事業所ごとに化学物質の環境への排出量・移動量を把握し、都道府県経由で国（事業所管大臣）に届け出なければなりません。

2）国における届出事項の受理・集計・公表

事業所管大臣は、届け出られた情報について、環境大臣および経済産業大臣へ通知します。経済産業省および環境省は共同で、届け出られた情報を電子ファイル化し、物質ごとに、業種別、地域別等に集計・公表するとともに、事業所管大臣および都道府県に通知します。さらに、経済産業省および環境省は共同で、本法の届出義務対象外の排出源（家庭、農地、自動車等）からの排出量を推計して集計し、あわせて公表します。

3）データの開示と利用

国（経済産業大臣、環境大臣および事業所管大臣）は、国民からの請求があった場合は、個別事業所の届出データを開示します。そして、国はPRTRの集計結果等を踏まえて環境モニタリング調査および人の健康等への影響に関する調査を実施します。

PRTR制度の対象事業者は、第一種指定化学物質を製造、使用、その他業とし

日本：化学物質排出把握管理促進法（化管法）

序章

第1章

第2章

第3章

第4章

第5章

第6章

第7章

化学物質規制について

て取り扱う等により、事業活動に伴い当該化学物質を環境に排出されると見込まれる事業者であり、具体的には次の３つの要件すべてに該当する事業者となります。

　１）対象業種として政令で指定している24種類の業種に属する事業を営んでいる事業者

　※24種類の業種は、金属鉱業、原油・天然ガス鉱業、製造業、電気業、ガス業、熱供給業、下水道業、鉄道業、倉庫業、石油卸売業、鉄スクラップ卸売業、自動車卸売業、燃料小売業、洗濯業、写真業、自動車整備業、機械修理業、商品検査業、計量証明業、一般廃棄物処理業、産業廃棄物処分業、医療業、高等教育機関、自然科学研究所です。

　２）常時使用する従業員の数が21人以上の事業者

　３）第一種指定化学物質の年間取扱量が１トン以上（特定第一種指定化学物質は0.5トン以上）の事業所を有する事業者等または、他法令で定める特定の施設（特別要件施設）を設置している事業者

　以上のように、PRTRは事業者による化学物質の自主的な管理の改善を促進し、化学物質による環境への影響を未然に防ぐ制度であるといえます。

📖　参考情報

＊１　http://www.meti.go.jp/policy/chemical_management/law/prtr/index.html

日本：労働安全衛生法（労安法）

「労働安全衛生法」

労働安全衛生法（労安法）[1]は、労働基準法と相まって、労働災害の防止のための危害防止基準の確立、責任体制の明確化および自主的活動の促進の措置を講ずる等その防止に関する総合的計画的な対策を推進することにより職場における労働者の安全と健康を確保するとともに、快適な職場環境の形成を促進することを目的として制定されています。

 何のための規制？

労働災害防止のためには、安全面と衛生面からの規制があります。

化学物質にかかる施策としては、事業者が、爆発・火災等の災害を防止して職場の安全を守るために実施すべき事項および化学物質のばく露による人の健康障害を防止するために実施すべき事項を定めています。

 対象となる物質は？

１. 安全に関わる物質：爆発・火災の恐れのある危険物

労働安全衛生法施行令別表第1で下記の分類ごとに、物質が指定されています。

　　１）爆発性の物

　　２）発火性の物

　　３）酸化性の物

　　４）引火性の物

　　５）可燃性ガス

２. 危険物および有害物として規制されている物質

　　１）個別規制されている物質（2018年7月1日現在、130物質）

　　・製造禁止物質類：労安法施行令第16条特定の9物質

日本：労働安全衛生法（労安法）

序章

第1章

第2章

第3章

第4章

第5章

第6章

第7章

化学物質規制について

・製造許可物質：労安法施行令第17条で定める8物質及び石綿分析用試料等

・特定化学物質障害予防規則：労安法施行令別表第3収載物質

・有機溶剤中毒予防規則：労安法施行令別表第6の2収載物質

・鉛中毒予防規則：鉛等

・四アルキル鉛中毒予防規則：労安法施行令別表第五第一号の四アルキル鉛

・石綿障害予防規則：労安法施行令第六条第二十三号に規定する石綿等

2）ラベル表示・SDSによる通知物質およびリスクアセスメントの義務

対象物質：労安法施行令別表第3（第1号）および別表第9収載物質（2018年12月17日現在、673物質）

3）新規化学物質

 # 何をしなくてはいけないの？

労安法で規制されている物質については、それぞれ下記を遵守する必要があります。

１．個別規制がされている物質

危険物、製造許可物質、特定化学物質障害予防規則、有機溶剤中毒予防規則、石綿障害予防規則が適用される物質、鉛、四アルキル鉛を取り扱う事業場では、それぞれの法規制で個別に遵守すべき事項が定められています。

２．別表第3および別表第9に収載された物質について

1）ラベルの貼付

化学品を提供する場合には、その容器・包装に、下記の内容を記載したラベルの貼付が必要です。

①名称

②人体に及ぼす作用

③貯蔵または取扱い上の注意

④表示をする者の名称、住所および電話番号

⑤注意喚起語

⑥安定性および反応性

⑦標章

なお、JIS Z 7253に準拠してラベルを作成すれば、上記の事項を満たすことにな

45

ります。ラベル表示に関しては、罰則規定があります。

2）SDSの提供

化学品を譲渡・提供する場合には、譲渡・提供先に、下記の項目を記載したSDSの提供が必要です。

①名称

②成分およびその含有量

③物理的および化学的性質

④人体に及ぼす作用

⑤貯蔵または取扱い上の注意

⑥流出その他の事故が発生した場合に講ずべき応急の措置

⑦通知を行う者の氏名、住所および電話番号

⑧危険性または有害性の要約

⑨安定性および反応性

⑩適用される法令

⑪その他参考となる事項

なお、ラベルと同じくJIS Z 7253に準拠して記載すれば、上記の事項を満足することになります。

3）リスクアセスメントの実施

平成28年6月1日から、新たに使用する、新しい方法や手順を採用もしくは変更する場合、あるいは、新たな危険有害性情報を入手した場合等では、リスクアセスメントを実施することが義務付けられました。

3．新規化学物質の有害性の調査（新規化学物質の届出）

既存の化学物質として政令で定める化学物質（施行令別表第3および第9収蔵物質を含む）以外の化学物質（新規化学物質）を年間100kg以上製造・輸入する場合は、基準に従って労働者の健康に与える影響に関する有害性調査を行い、物質名と調査結果を届出することが必要です。

有害性調査の項目は、微生物を用いる変異原性試験または複数の動物を用いた吸入ばく露、経口投与によるがん原性試験とされています。変異原性試験とは、化学物質が細胞の遺伝子に突然変異を引き起こすかどうかを調べる試験です。変異原生試験の結果で、その影響が強い場合は、追加試験として、ほ乳類培養細胞を用いる染色体異常試験データの提出を求められることがあります。

日本：労働安全衛生法（労安法）

序章

第1章

第2章

第3章

第4章

第5章

第6章

第7章

化学物質規制について

　ただし、実験室的な規模で開発研究等を行う場合や、製品・サンプルである場合は、有害性の調査は免除されます。また、新規化学物質に取り扱う労働者がばく露されない、海外等で既に有害性がない旨の知見が得られている、あるいは、年間の製造・輸入量が100kg以下の場合は、厚生労働大臣へ確認申請の提出に代えることができます。

 # これも知っておこう！

　労安法では、特定された化学物質673物質やその混合物に対してラベル表示、SDSによる通知、リスクアセスメントが義務付けられています。しかし、努力義務ではありますが、GHSの分類で危険有害性に分類されるすべての物質や混合物に対しても同様に実施することを要求しています。

　リスクアセスメントの具体的な進め方は、厚生労働省から発表されている「化学物質等による危険性又は有害性等の調査等に関する指針」に説明されています。

　化学物質等のリスクアセスメントは以下の手順で進めます。

　ステップ１：化学物質などによる危険性または有害性の特定

　ステップ２：特定された危険性または有害性によるリスクの見積り

　ステップ３：リスクの見積りに基づくリスク低減措置の内容の検討

　さらに、労安法では下記のステップ４および５を行うことを求めています。

　ステップ４：リスク低減措置の実施

　ステップ５：リスクアセスメント結果の労働者への周知

　ステップ４では速やかに低減措置を実施するように努めますが、重篤な疾病のリスクがある場合には暫定的措置をただちに行うことが必要です。

参考情報

＊１　https://elaws.e-gov.go.jp/search/elawsSearch/elaws_search/lsg0500/
　　detail?lawId＝347AC0000000057

Q 　有機溶剤中毒予防規則や特定化学物質障害予防規則の義務として何をしなくてはならないでしょうか。

A 　有機溶剤中毒予防規則や特定化学物質障害予防規則などで規定されている有害な化学物質を取り扱う業務に関しては、作業者の健康障害を予防するために、事業者は以下の表に示す義務があります[*1]。

■ 有機溶剤中毒予防規則と特定化学物質障害予防規則における事業者の義務

	対象物質	事業者の義務
有機溶剤中毒予防規則	労安法施行令別表第6の2に指定されるもの 例：アセトン、イソプロピルアルコール、トルエン、キシレン等の有機溶剤	1．作業主任者の選任（労安法施行令第6条22号） 2．有機溶剤を取り扱う業務での有機溶剤の蒸気による作業場内の空気の汚染を防止するための、局所排気装置、全体排気装置などを設置 3．作業環境測定と記録 4．特殊健康診断の実施 5．保護具の着用等 6．本規則遵守のための管理事項が定められている 例：業務に従事する労働者が、下記の事項を容易に知ることができるように、下記内容の掲示 　　1）有機溶剤の人体に及ぼす作用 　　2）有機溶剤等の取扱い注意事項 　　3）有機溶剤による中毒が発生したときの応急措置
特定化学物質障害予防規則	労安法施行令別表第3に指定されているもの 例： 第一類物質；ジクロルベンジジン等 第二類物質；アクリルアミド、ジクロロメタン等 第三類物質；アンモニア、一酸化炭素等	1．作業主任者の選任（労安法施行令第6条18号） 2．製造・使用における、蒸気、ガス、粉体に労働者がばく露しないように、密閉で取り扱うか、局所排気装置、全体排気装置などを作業場へ設置と稼働 3．排出物の処理と漏洩防止措置 4．作業環境測定、評価と記録保存 5．特殊健康診断と記録保存 6．保護具の着用等 7．労働者の健康障害を防止するために、下記の事項の実施 　　1）洗浄設備の設置 　　2）作業場での喫煙、飲食を禁止し、その旨の掲示 　　3）特別管理物質について、下記の内容の掲示 　　　・特別管理物質の名称 　　　・特別管理物質の人体に及ぼす作用 　　　・特別管理物質の取扱い上の注意事項 　　　・使用すべき保護具

日本：労働安全衛生法（労安法）

序章
第1章
第2章
第3章
第4章
第5章
第6章
第7章

化学物質規制について

📖 参考情報

* 1　http://www.mhlw.go.jp/stf/seisakunitsuite/bunya/koyou_roudou/roudoukijun/

anzen/anzeneisei03.html

日本：毒物及び劇物取締法（毒劇法）

「毒物及び劇物取締法」

毒物及び劇物取締法（毒劇法）[*1]は、主として急性毒性による健康被害が発生する恐れが高い物質を毒物または劇物に指定し、保健衛生上の見地から製造や販売を規制する法律です。

 何のための規制？

一般に流通する有用な化学物質のうち主に急性毒性が高い、毒物および劇物について、保健衛生上の見地から必要な取締りを行うことを目的としています。

 対象となる物質は？

急性毒性が極めて高い物質を毒物として「別表第1に掲げる27物質および政令で定めるその製品で、医薬品および医薬部外品以外のもの」、毒物に準じて急性毒性が高い物質を劇物として「別表第2に掲げる93物質および政令で定めるその製品で、医薬品および医薬部外品以外のもの」、特定毒物として「別表第3に掲げる9物質および政令で定めるその製品」を対象にしています（2020年7月2日現在）。[*2]

 何をしなくてはいけないの？

毒物・劇物の製造、輸入、販売業を行うには製造所、営業所、店舗ごとにその所在地の都道府県知事（販売業では保健所を設置する市または特別区の場合は市長または区長）への登録が必要となります。

毒物・劇物を販売・譲渡する際には、毒物・劇物の容器および被包に「医学用外」の文字および毒物については赤地に白文字で「毒物」、劇物は白地に赤文字で「劇物」の文字を表示する必要があります。

日本：毒物及び劇物取締法（毒劇法）

序章
第1章
第2章
第3章
第4章
第5章
第6章
第7章
化学物質規制について

これも知っておこう！

　毒劇法で要求されるSDSとラベルもGHSに準拠したJIS Z 7253：2019（GHS第6版）に基づいて作成する必要があります。ただし、毒劇法ではGHSの標準的なラベル表示だけでなく、「毒物」「劇物」など毒劇法独自の表示も要求されます[3]。

■ 毒物と劇物の分類

	医薬用外毒物		医薬用外劇物	規制対象外	
急性毒性	区分1 【どくろ】	区分2 【どくろ】	区分3 【どくろ】	区分4 【感嘆符】	区分5 絵表示なし
皮膚腐食性			区分1 【腐食性】	区分2 【感嘆符】	区分3 絵表示なし
目の重篤な損傷性／刺激性			区分1 【腐食性】	区分2A 【感嘆符】	区分2B 絵表示なし

出典：絵表示はJIS Z 7253より引用

参考情報

*1　https://elaws.e-gov.go.jp/search/elawsSearch/elaws_search/lsg0500/detail?lawId=325AC0000000303

*2　https://elaws.e-gov.go.jp/search/elawsSearch/elaws_search/lsg0500/detail?lawId=340CO0000000002

*3　http://www.nihs.go.jp/mhlw/chemical/doku/ghs/pamp.pdf

Q 毒物・劇物を海外から輸入して日本国内で販売するには毒劇法に基づく営業登録が必要でしょうか?

A 販売を目的として毒物・劇物を輸入する場合には、毒劇法[*1]に基づく登録が必要となります。ただし、自社製品の原料として全量を自社で消費する場合や、研究用や試験用あるいは社内でのサンプルとして使用する場合などには、所轄の地方厚生局で薬監証明を受けるなど簡易的な方法で通関することが可能です。

毒物・劇物を輸入して販売するための登録の手順としては、まずは輸入者としての登録を行う必要があり、輸入者の営業所の所在地の都道府県知事に登録申請する必要があります。次に販売者としての登録も必要であり、輸入者の営業所の所在地の都道府県知事(保健所を設置する市または特別区の場合は市長または区長)に登録申請する必要があります。

毒物・劇物を販売するには、営業所ごとに薬剤師や毒物劇物取扱者試験合格者などの毒物劇物取扱責任者を設置することが義務付けられています。

通常、毒物・劇物の倉庫など保管設備は毒劇法で定められた「毒物・劇物と他の物と区分しての貯蔵が可能」「毒物・劇物が漏出・飛散しない」などの設備基準に適合していなければなりません。

化学物質情報の伝達として、毒劇法においても販売先に対して日本語のSDSの提供が義務付けられています。輸入品などはGHS準拠のSDSを入手して、含有物質の危険有害性を毒劇法など日本の法規制に照らしてチェックする必要があります。

判別の方法としては、製品評価技術基盤機構(NITE)の化学物質総合情報提供システム Chemical Risk Information Platform(NITE-CHRIP)[*2]などが利用できます。

ラベルについてもGHS準拠のラベル貼付が義務付けられていますが、毒劇法独自の要求事項として、赤地に白文字での 医薬用外毒物 、白地に赤文字での 医薬用外劇物 の記載も必要です。

日本：毒物及び劇物取締法（毒劇法）

序章

第1章

第2章

第3章

第4章

第5章

第6章

第7章

化学物質規制について

📖 参考情報

＊1　http://www.nihs.go.jp/law/dokugeki/dokugeki.html

＊2　http://www.nite.go.jp/chem/chrip/chrip_search/systemTop

韓国：化学物質の登録及び評価等に関する法律（化評法）（K-REACH）

「化学物質の登録及び評価等に関する法律」（法律番号17326 2020.5.26）

　「化学物質の登録及び評価等に関する法律」（化評法）*¹は化学物質とその含有製品の指定、登録、評価および報告について包括的に定めており、K-REACHと呼ばれることもあります。2015年1月に施行され、その後数次にわたり改正されています。本稿では2020年5月26日改正版を説明しています。

何のための規制？

　化学物質の登録、申告と有害性およびリスク（危害性）に関する審査・評価、有害化学物質の指定に関する事項を規定して、化学物質に関する情報を生産および利用できるようにすることにより、国民の健康と環境を保護することを目的としています。

対象となる物質は？

　韓国内にて製造または輸入が行われる新規化学物質および年間1トン以上の既存化学物質が対象になります。年間1トン未満であっても、人の健康および環境に対して大きな懸念を与える既存化学物質は登録義務の対象となります。

　ただし、「原子力安全法」、「薬事法」、「麻薬類に関する法律」、「化粧品法」、「農薬管理法」、「肥料管理法」、「食品衛生法」、「飼料管理法」、「鉄砲及び刀剣及び火薬類取締法」、「軍需品管理法」、「防衛事業法」、「健康機能食品に関する法律」、「医療機器法」、「衛生用品管理法」、「生活の化学薬品及び殺生物剤の安全管理に関する法律」で規制されている物質には適用されません。

韓国：化学物質の登録及び評価等に関する法律（化評法）（K-REACH）

序章

第1章

第2章

第3章

第4章

第5章

第6章

第7章

化学物質規制について

何をしなくてはいけないの？

　条件に該当する韓国内の事業者に対して下記義務を負うことを求めています。義務違反に対しては罰則が科されます。

　１）有害または危険性がある化学物質の使用を減らすか、またはそのような化学物質を代替することができる物質または新技術の開発など、必要な措置を講じなければならない。

　２）製造・輸入する化学物質の有害性やリスクに関する情報を積極的に発信、交換および活用して、化学物質の登録、申告と有害性審査およびリスク評価と関連した国の施策に参加し、協力しなければならない。

　３）化学物質の用途、安定性および化学物質ばく露時の対応方法等に関する情報を積極的に発信するなど、国民の健康と環境を保護するために努力しなければならない。

　４）製品を生産・輸入する事業者は、製品に含まれている化学物質により、国民の生命、身体および財産に被害が発生しないようにしなければならない。

　５）化学物質の有害性、危険性等に関する情報を取得する場合には、脊椎動物の代替試験を優先的に考慮しなければならない。

　上記事業者の義務の中で主要なものに関して、以下に具体的な手続きを説明します。

１．化学物質の登録と申告義務

　年間100kg以上の新規化学物質および年間１トン以上の既存化学物質を韓国国内で製造または輸入する事業者は実際の製造または輸入前に、韓国環境部に登録を行うことが義務付けられています。

　ただし、既存の化学物質を製造・輸入する事業者は、次の登録猶予期間までは登録をせずに、環境部令で定める申告事項を事前に申告することで製造・輸入することができます。

　１）年間１トン以上で人や動物にがん、突然変異、生殖能力異常を起こしたり起こす恐れがある物質として評価委員会の審議を経て、環境部長官が指定および告示した既存化学物質または年間1,000トン以上の既存化学物質を製造・輸入する場

合：2021年12月31日

2）年間100トン以上1,000トン未満の既存の化学物質を製造・輸入する場合：2024年12月31日

3）年間１トン以上100トン未満の既存の化学物質を製造・輸入する場合：2030年12月31日

新規化学物質に関しては次の項目に該当する場合には事前申告すれば製造・輸入が可能です。

1）年間100kg未満の新規化学物質の製造または輸入

2）次の各項目の１つに該当する新規化学物質に対し、「有害化学物質管理法」第10条第１項第３号により有害性審査免除確認を受けた事業者で、その免除確認を受けた条件により該当新規化学物質を製造・輸入しようとする場合

ア. 年間100kg以下で製造・輸入される新規化学物質

イ. 新規化学物質ではない化学物質のみで構成された高分子化合物で環境部長官が告示する新規化学物質

年間100kg未満の新規化学物質または年間１トン未満の既存化学物質であっても、人の健康や環境に深刻な被害を及ぼす恐れが大きい化学物質や、年間の国内総製造・輸入量が基準を超える場合、または評価委員会の審議を経て環境部長官が指定および告示した化学物質を製造・輸入する者は、事前にその化学物質を環境部長官に登録しなければなりません。

２．報告義務

法施行当初にあった毎年１回の報告義務は廃止されました。

３．情報伝達義務

登録された化学物質の製造者および輸入者は化評法施行規則第35条に記載されている安全に使用するための情報を川下使用者および販売者に伝達する必要があります。情報に変更がある場合は、変更事項を１カ月以内に関係者に伝えることが必要です。

韓国：化学物質の登録及び評価等に関する法律（化評法）（K-REACH）

序章
第1章
第2章
第3章
第4章
第5章
第6章
第7章
化学物質規制について

これも知っておこう！

　家庭やオフィスで使われる化学製品や殺虫剤などは前出の「生活の化学薬品及び殺生物剤の安全管理に関する法律」（化学製品安全法）で規制されています。この法律では生活化学製品の危険性評価、殺虫剤などの承認、および殺生物処理製品基準などを定めていて、従来は化評法、薬事法、衛生用品管理法など部署ごとに規制をしていたものを切り出してこの法律で一元的に管理・規制を行うことにしたものです。

　製品の性格として使用者には子供や妊婦など化学物質のばく露に脆弱な層が含まれることと一般人が使用するために誤用や乱用を防止するために、安全に関する情報が迅速に正確に伝わる仕組みを要求しています。

　環境部が、製造、輸入、販売、流通者に対して実態調査を行い、リスク評価により危険性が懸念される製品を安全確認対象生活化学製品（安全確認対象製品）に指定して告示します。危害が非常に大きく緊急措置が必要な製品には製造・輸入禁止を命じることができます。

　安全確認対象製品を製造・輸入する場合には、指定試験機関から安全基準の適合確認を取る必要があり、安全基準がない製品は含有化学物質の用途、有害性、ばく露情報等を提出して承認を得る必要があります。

　安全確認対象製品を国内で販売・流通させる際には包装やパッケージに規定の表示を付けることが義務付けられています。

　殺生物物質およびその製品を製造・輸入する場合には承認が必要です。国内で販売・流通させる場合には製品の外側に使用者が見やすい表示をする必要があります。

📖 参考情報

* 1　http://www.law.go.kr/lsInfoP.do?lsiSeq=218251&efYd=20200526&ancYnChk=0#0000

韓国：化学物質管理法（化管法）

「化学物質管理法」（法律番号17326）

> 「化学物質管理法」（化管法）[1]は、2015年1月に施行され、その後数次にわたり改正されています。最新版は2020年5月26日改正版です。

 何のための規制？

化学物質による人の健康および環境上の危害予防、そして、化学物質の適切な管理、化学物質による事故に対して迅速に対応することにより、化学物質から人の生命と財産または環境を保護することを目的としています。

 対象となる物質は？

すべての化学物質を対象としています。大統領令で定めた基準で環境部長官が告示した化学物質は有害化学物質（「有毒物質」・「禁止物質」・「制限物質」・「許可物質」・「事故備え物質」および「その他の有害性やリスクのある化学物質」）として特に厳しい規制が課されています。

 何をしなくてはいけないの？

下記条件に該当する韓国内の事業者に対して義務が発生します。

1．化学物質の確認義務

化学物質を製造・輸入する事業者は、化学物質が第9条の記載条件に該当するかどうかの確認と、内容を環境局長官に提出する必要があります。

2．統計調査報告義務

化学物質取扱者は環境部長官が2年ごとに実施する化学物質の取扱状況や施設についての調査依頼に対して必要資料を提出する必要があります。

韓国：化学物質管理法（化管法）

序章

第1章

第2章

第3章

第4章

第5章

第6章

第7章

化学物質規制について

３．排出量調査協力義務

大統領令で定める化学物質取扱者は、毎年該当化学物質の排出量を環境部長官に報告する必要があります。

４．有害物質取扱基準遵守義務

第13条～第15条に記載されている有害物質取扱基準に従い、化学物質取扱者は、施設の維持・管理、事故発生予防対策、および発生時の応急措置等を実施する義務があります。

５．容器・包装への表示義務

有害物質取扱者（販売者も含む）は、有害物質の容器、貯蔵所、運送車両に有害化学物質のGHSに従ったラベルを用いた表示を行う必要があります。

６．有害物質の製造・輸入・使用の際の許可申請義務

「許可物質」・「制限物質」を製造・輸入・使用する者は第19条の記載事項を提出し、事前に環境部長官の許可を受ける必要があります。

７．有害物質の輸出承認申請義務

「制限物質」・「禁止物質」を国外に輸出する者は第21条の記載事項を提出して、毎年環境部長官の承認を受ける必要があります。

８．化学事故防止管理計画書の作成と提出（2021年4月1日施行）

化学事故発生時に事業所周辺地域の人や環境等に及ぼす影響を評価し、その被害を最小限に抑えるための対策を盛り込んだ化学事故防止管理計画書を作成して事前に環境部長官に提出、履行、告知する必要があります。

 これも知っておこう！

韓国化管法では有害物質の販売に関して許可制度を設けています。有害物質を販売しようとする事業者は、環境部令で定められた書類を事前に提出して環境部長官の許可を得る必要があります。

参考情報

＊１　http://www.law.go.kr/%EB%B2%95%EB%A0%B9/%ED%99%94%ED%95%99
%EB%AC%BC%EC%A7%88%EA%B4%80%EB%A6%AC%EB%B2%95

Q 韓国化評法に規定されている代理人制度について教えてください。

A 韓国化評法の登録義務者は韓国国内の製造・輸入者で、国外の製造者は適用外なので、義務の履行は韓国国内の輸入者が対応することになります。しかし、営業秘密等で韓国内の輸入者には対応させられない場合も存在します。その際、重要になるのが代理人制度です。

韓国化評法第38条では韓国国内に輸入する製品の国外の製造業者または生産者は所定の資格を有する者を専任しなければならないと規定しています。専任された者は国外の製造業者または生産者を代理して、登録、届出および変更届出業務を行うことになります。

化評法施行規則[*1]では代理人の資格要件と関連書類の提出について規定しています。

代理人として選任できるのは韓国国民または韓国国内に住所を有する者に限られます。法人の場合は韓国国内に営業所を持つことが条件になります。

代理人を選任しようとするものは下記情報を地方環境官署、国立環境科学院長または化学物質管理協会に文書にて提出する必要があります。

1）選任された代理人の情報

2）選任要件を証明できるもの

3）国外の製造業者または生産者の情報

4）選任の事実を証明できる書類（契約書等）

参考情報

* 1　http://www.law.go.kr/lumLsLinkPop.do?lspttninfSeq=123247&chrClsCd=010202&ancYnChk=0

序章

第1章

第2章

第3章

第4章

第5章

第6章

第7章

化学物質規制について

Q 韓国化管法に規定されているラベル表示について教えてください。

A 　韓国化管法*¹第16条では有害物質取扱事業者および製造・輸入した有害物質の販売事業者は、有害物質の容器、貯蔵所、運送車両に以下の項目を含む有害化学物質に関する表示を行うよう定めています。

1）名前：有害物質の名前や製品の名前などの情報

2）絵文字：有害性の内容を示す絵表示

3）注意喚起語：有害性の程度に応じて、危険または警告として表示する語句

4）有害・危険情報：有害性を示す語句

5）注意書き：不適切な保存・取扱いなどによる有害性を妨げるか、または最小限に抑えるための措置

6）供給者情報：製造業者または製造者の名前（法人の場合は法人名）、電話番号、住所などの情報

7）国際連合（UN）番号：有害危険物質および含有した製品の国際的な輸送を保護するためにUNが指定した物質の分類番号

ラベルの文字に関してはハングル文字で記載することが要求されています。

ラベルの表示方法に関しては表示対象ごとに、韓国化管法施行規則別表2*²に記載されています。

📖 参考情報

* 1　http://www.law.go.kr/LSW//lsInfoP.do?lsiSeq=211773&efYd=20200530&anc
YnChk=0#0000

* 2　http://www.safechemicals.biz/jp/sub/trend/law_view.html?no=454

台湾：毒性及び懸念化学物質管理法

「毒性及び懸念化学物質管理法」（Toxic and Concerned Chemical Substance Control Act）（TCCSCA）

　　1975年に施行された毒性化学物質管理法は、2019年の大幅な改正により懸念化学物質を追加して、名称も「毒性及び懸念化学物質管理法」（毒管法）＊1に変更されました。

 何のための規制？

　この法律は「毒性および懸念化学物質による健康障害および環境汚染の防止」を目的としており、化学物質の製造者や輸入者をはじめ、毒性および懸念化学物質を取り扱う事業者を対象としています。

 対象となる物質は？

　この法律の対象は、新規化学物質、既存化学物質および懸念化学物質です。
　台湾では既存化学物質リスト（TCSI）＊2が整備され、このリストに含まれていない物質を新規化学物質と定めています。既存化学物質の中でも特定の危険有害性に該当する物質については、毒性及び懸念化学物質管理法に基づき、該当する危険有害性に応じて第1種〜第4種までの毒性化学物質に指定しています。＊3懸念化学物質とは、毒性化学物質以外で環境汚染または人の健康被害を引き起こす懸念があると環境保護庁が認定した物質です。

 何をしなくてはいけないの？

　新規化学物質の場合には、製造・輸入の90日前までに製造者または輸入者が登録を行わなければなりません。登録の手続きは、新規化学物質の危険有害性や用途、取扱量などによって「少量登録」、「簡易登録」、「標準登録」の3つに大別さ

序章

第1章

第2章

第3章

第4章

第5章

第6章

第7章

化学物質規制について

れ、種別に応じて必要な情報を環境保護署の「化学物質登録プラットフォーム*4」で提出しなければなりません。

　既存化学物質についても、毎年一定量を製造・輸入する場合は規定期間内に化学物質に関する資料の登録が必要です。

　既存化学物質のうち毒性化学物質に指定された物質については、製造・輸入・使用の禁止や取扱いにあたっての許認可の取得、取扱量等の年次報告、防災資料の提出等の義務が課されています。さらに、毒性化学物質については、GHSに基づく台湾国家標準（CNS15030シリーズ）に従って分類し、ラベル表示やSDS提供が義務付けられています。

これも知っておこう！

　毒性化学物質および懸念化学物質の取扱事業者は、これらの物質を未登録の者に販売・譲渡することが禁止されています。ここでいう販売・譲渡の禁止には、通信販売、ネット販売、および相手が特定できないような取引形態による取引も禁止されることが明記されています。

参考情報

* 1　https://oaout.epa.gov.tw/law/LawContent.aspx?id=FL015852

* 2　https://csnn.osha.gov.tw/content/home/Substance_Query_Q.aspx

* 3　https://flora2.epa.gov.tw/MainSite/

* 4　https://tcscachemreg.epa.gov.tw/Epareg/content/masterpage/index.aspx

台湾：職業安全衛生法

「職業安全衛生法」（Occupational Safety and Health Act）

　　職業安全衛生法[*1]は台湾の化学物質管理の主要規制の１つであり、2013年の大幅な改正を経て、新規化学物質の登録制度が導入されました。また、既存化学物質のうち、労働者の危険性や有害性が懸念される物質等を取り扱う事業者に対して、許可取得や取扱い状況の年次報告等、労働安全衛生に関する各種の管理方法等が定められています。現行法は2019年５月15日改訂版です。

 何のための規制？

　　この法律は「労働災害の防止および労働者の安全衛生の保護」を目的とし、製造者や輸入者、使用者など化学物質を取り扱う事業者に対して、主として新規化学物質の登録やラベル・SDSの提供、リスクアセスメント、特定の化学物質に対する各種管理を求めています。

 対象となる物質は？

　　台湾では既存化学物質リスト（TCSI）[*2]が整備され、このリストに含まれていない物質を新規化学物質と定めています。

　　また、既存化学物質の中でも特定の危険有害性に該当する物質等、労働者の危険性や有害性が懸念される物質を「優先管理化学物質」に指定し、中でも高度にばく露リスクがある物質は「管制性化学物質」に指定されており、労働部労働安全衛生署（OSHA）の「化学物質届出・許可プラットフォーム」[*3]で確認することができます。

台湾：職業安全衛生法

序章
第1章
第2章
第3章
第4章
第5章
第6章
第7章
化学物質規制について

 何をしなくてはいけないの？

新規化学物質に該当する場合には、製造・輸入の90日前までに登録を行わなければなりません。新規化学物質の登録は、毒性化学物質管理法と一体で運営されています。

優先管理化学物質を取り扱う事業者は企業情報や対象物質の取扱い情報等を「化学物質届出・許可プラットフォーム」を通じて、OSHAに毎年届出を行うことが必要です。また、管制性化学物質については事前に許可を取得しなければ取扱いが禁止されています。

これらに加え、GHSに基づく台湾国家標準（CNS15030シリーズ）に従って分類し、分類によって危険有害性に該当する工業用化学物質・混合物については、ラベル表示、SDSの提供も義務付けられています。

 これも知っておこう！

日本の労働安全衛生法でも2016年6月から事業場で取り扱う特定の化学物質を対象にリスクアセスメントが義務化されましたが、台湾の職業安全衛生法の下位法である危害性化学品評価及び分級管理弁法*4では、危険有害性を有するすべての化学品について、少なくとも3年に1回、リスクアセスメントを実施することが義務付けられています。

参考情報

* 1　https://law.moj.gov.tw/LawClass/LawAll.aspx?pcode=N0060001

* 2　https://csnn.osha.gov.tw/content/home/Substance_Query_Q.aspx

* 3　https://prochem.osha.gov.tw/content/info/Index.aspx

* 4　https://law.moj.gov.tw/LawClass/LawAll.aspx?pcode=N0060070

Q 台湾国外の企業が新規化学物質または既存化学物質の登録を行うことができますか？

A 新規化学物質および既存化学物質の登録が実施できるのは台湾国内の次の四者です。[1、2]

・台湾国内の自然人
・台湾国内の法人または代表者または管理者がいる非法人組織
・台湾の行政機関等
・台湾国内の登録者が任命した第三者代理人（Third Party Representative）（台湾国内の自然人または法律に従って設立・登記された法人、機関、または組織）

　つまり台湾国内企業しか登録はできないため、台湾国外の企業が直接登録できず、また、EU REACH規則のように域外製造者が任命する「唯一の代理人」制度もありません。そのため、登録にあたっては必ず輸入者の協力を得ることが必要となります。

　輸入者に登録に必要な化学物質情報を提供することが可能であれば、輸入者が登録すれば問題ありません。しかしながら、営業機密情報等を輸入者に提供できない場合は、輸入者は登録することができないことになります。そのため、輸入者に第三者代理人を任命してもらい、台湾国外企業は第三者代理人に必要な情報の提供を行い、第三者代理人が輸入者に代わって登録手続きを代行する等の工夫が必要となります。

参考情報

[1]　https://gazette.nat.gov.tw/egFront/detail.do?metaid=105461
[2]　http://laws.mol.gov.tw/FLAW/FLAWDAT01.aspx?lsid=FL075600

台湾：毒性及び懸念化学物質管理法・職業安全衛生法

序章

第1章

第2章

第3章

第4章

第5章

第6章

第7章

化学物質規制について

Q 新規化学物質の登録を行った後も、何か手続きが必要でしょうか？

A 新規化学物質の登録を実施し、当局の審査が完了すれば登録証が発行され、製造・輸入が可能です。ただし、登録者情報や用途、製造・輸入量等の登録情報が変更になった場合には、適宜登録情報の変更を行うことが必要となります。また、発行された登録証には有効期限が設定されています。有効期限は登録種別によって異なります。

■ 登録種別の登録証有効期限

登録種別	有効期限
標準登録	5年
簡易登録	2年
少量登録	通常：2年 低懸念ポリマー：5年

　このうち、標準登録（5年）と低懸念ポリマーの少量登録（5年）については、登録の5年後に既存化学物質リストに収載されることになります。

　一方、簡易登録（2年）と通常の少量登録（2年）は、登録証の有効期限が切れた場合は再度新規化学物質登録を行わなければなりません。そのため、有効期限後も継続して物質の製造・輸入を実施する場合には、登録者は有効期限の3カ月前までに登録の延長申請を提出することで有効期限を延長することが可能となっています。

　このように、新規化学物質の登録後も、化学物質の取扱い状況を把握した上で、必要に応じて登録情報や登録証の更新等を実施することが必要となります。

インドネシア：危険・有害物質に関する政令

「危険・有害物質に関する政令（2001年第74号）」（Peraturan Pemerintah Republik Indonesia Nomor 74 Tahun 2001 Tentang Pengelolaan Bahan Berbahaya Dan Beracun）

危険・有害物質に関する政令[*1]は、2001年に制定された環境森林省が所管する法律であり、危険・有害物質（B3）の製造や輸入、保管、使用、廃棄等、B3物質の取扱いについて各種の義務を定めています。

 # 何のための規制？

この法律の目的は、B3物質による人の健康および環境へのリスクを回避、削減することです。

 # 対象となる物質は？

次の15種類の危険有害性に該当する物質がB3物質に該当し、そのうち、特定されたB3物質は附属書に明記され、使用許可物質（209物質）、使用制限物質（45物質）、使用禁止物質（10物質）の3つに区分されています。

■ B3物質の基準

爆発性	酸化性	非常に強い可燃性	強い可燃性	可燃性
猛毒性	高毒性	有毒性	有害性	腐食性
刺激性	環境有害性	発がん性	催奇形性	変異原性

また、関連する政令として、商業省が所管する「危険物質の調達・流通及び管理に関する政令（2009年44号）」の別表1によって、発がん性、催奇形性や変異原性等の危険有害性を有する物質の輸入や流通を制限する危険物質（B2物質）を定めています。

何をしなくてはいけないの？

　B3物質に該当する場合には、附属書に明記されているか否かにかかわらず、初回製造・輸入時に事業者情報やSDSを提出し、登録を行わなければなりません。また、附属書に明記されていないB3物質を輸入する場合には当局の許可が必要となります。その他、B3物質を取り扱う事業者に対しては、労働者に対する安全衛生への対応や事故時の対応などが定められています。またB2物質については、輸入の制限や、許可申請、輸入実績報告等の義務が課されています。

　分類および表示に関しては、2009年に国連GHSが導入され、すべての化学物質および混合物について、GHS第4版に基づく分類を行い、危険有害性に該当する場合には、ラベル表示やSDSの提供も必要となります。

 これも知っておこう！

　インドネシアにおける化学物質等の規制は、法令による規制に加えて国家規格（Standar Nasional Indonesia：SNI）によるものがありますので注意が必要です。SNIは一般的には任意規格ですが、一部の規格は強制規格として使われていますので、規格適合製品以外はインドネシア国内で上市することはできません。例えば「乳幼児用服地におけるアゾ染料およびホルムアルデヒド含有量規格」（SNI7617:2010）は強制規格ですので、指定認証機関で認証をとり指定のラベルを貼ることが義務付けられています。

📖 参考情報

＊1　http://ditjenpp.kemenkumham.go.id/arsip/ln/2001/PP74-2001.pdf

序章

第1章

第2章

第3章

第4章

第5章

第6章

第7章

化学物質規制について

ベトナム：化学品法

「化学品法（No.06/2007/QH12）」（Law on Chemicals）

化学品法[*1]は、2008年7月に施行された法律です。新規化学物質の管理や既存化学物質の申告、生産・販売、事故対応、分類・表示等、化学物質のサプライチェーン全体を対象とした包括的な法律です。

 何のための規制？

この法律の目的は、化学品による環境や健康への影響の防止とともに、原材料としての化学品の使用も考慮した包括的な化学物質管理の実現であり、化学活動、化学活動における安全性、化学活動に関与する組織および個人の権利および義務、ならびに化学活動の州の管理について規定しています。

 対象となる物質は？

国が定める「国家化学物質リスト」を既存化学物質とし、このリストに含まれていない物質を新規化学物質とし、製造・輸入前に登録することが定められています。2020年3月時点で36,777物質が登録されています。

GHS分類の特定有害性に該当する物質を「有害物質」と定め、さらに、有害物質のうち管理・登録物質を政令付録I ～ VIIで指定しています。

ベトナム：化学品法

序章

第1章

第2章

第3章

第4章

第5章

第6章

第7章

化学物質規制について

■ 政令付録Ⅰ～Ⅶ

政令の付録No.	リスト名
付録Ⅰ	製造・取引条件付き物質
付録Ⅱ	製造・取引制限付き物質
付録Ⅲ	禁止物質
付録Ⅳ	事故防止・対応計画を要する物質
付録Ⅴ	申告物質
付録Ⅵ	毒性化学物質
付録Ⅶ	事故防止・対応措置の作成を要する物質

 何をしなくてはいけないの？

　化学物質を輸入する場合は申告が必要です。

　新規化学物質は上市前に登録が必要です。上記表で特定された有害物質は、製造・輸入、使用等の禁止や、免許申請、技術要件適合の証明、製造・輸入前の事前申告等、物質リストの種類ごとに必要な対応が定められています。また危険有害性に該当する場合には事故防止措置と対応計画を提出し、製品に対してはGHSに準拠したラベル表示やSDSの提供が必要です。

 これも知っておこう！

　化学品法では国内法より国際条約を優先する条項があり、既存化学物質として「国家化学物質リスト」に加えて国が認めた国際的化学品リスト（EU、米国、日本等のインベントリー）に収載されている化学物質も認められています。

📖 参考情報

＊1　http://www.vietlaw.gov.vn/LAWNET/docView.do?docid=21830&type=html&searchType=fulltextsearch&searchText=

シンガポール：環境保護管理法

「環境保護管理法」（Environmental Protection and Management Act：EPMA）

シンガポールでは、環境基本法として位置付けられる環境保護管理法[1]の別表2に該当する有害物質を取り扱う事業者に対しては、ライセンスの取得を義務付けるとともに、保管や運搬等について各種の管理が必要となります。

 何のための規制？

環境保護管理法は、環境保護を目的として大気や水質など幅広く環境保護項目が定められており、その中で有害化学物質管理も規制されています。

 対象となる物質は？

この法律の対象となる有害物質は、主に次の3つの基準で選定されており、別表2パート1に物質ごとの適用除外項目とともにリスト化されています。

・大規模災害をもたらす可能性がある
・非常に毒性が高く、汚染度も高い
・安全かつ適切に処分できない廃棄物を発生させる

 何をしなくてはいけないの？

この法律では有害化学物質の管理にあたり、許可のない者が有害物質を取り扱うのを避け、有害物質の事故的放出やその悪影響を防止する手段として、ライセンス管理が実施されています。つまり、別表2の有害物質を輸入や販売するためには、事前に環境庁（NEA）[2]からライセンスを取得した上で、次の要件に対応することが必要となります。

・ライセンスの規定および記載条件に従うこと

シンガポール：環境保護管理法

序章

第1章

第2章

第3章

第4章

第5章

第6章

第7章

化学物質規制について

・ライセンスに記載された者の監督下で行うこと

・記録を適切に保持すること

・所定の表示がされた容器で提供すること

　なお、ライセンスまたは当局の許可証を有する販売先にしか有害物質を提供することはできません。

　2016年には、別表２パート１に特定の電気電子製品中の鉛、水銀、カドミウム、六価クロム、ポリ臭化ビフェニル（PBB）類およびポリ臭化ジフェニルエーテル（PBDE）類が追加されました。これがシンガポール版のRoHS指令に相当する規制となっています。

　2020年２月にはPOPs条約対応として、ジコホルとPFOAおよび関連物質の規制を告示しました。*3

 これも知っておこう！

　有害物質の管理に関する規定に違反した場合には、50,000シンガポールドル（SGD）以下の罰金または２年以下の懲役（またはその両方）が、継続的な違反の場合には、１日当たり2,000SGD以下の罰金が科されることが定められています。

📖 参考情報

* 1　http://statutes.agc.gov.sg/aol/download/0/0/pdf/binaryFile/pdfFile.pdf?CompId:20051f8d-d4bb-4162-85f9-88f7b76c5c9c

* 2　http://www.nea.gov.sg/anti-pollution-radiation-protection/chemical-safety/hazardous-substances

* 3　https://www.nea.gov.sg/docs/default-source/hs/for-publication-nea-pcd-hs-circular-for-dicofol-pfoa_100919.pdf

マレーシア：CLASS規則及びEHS届出・登録制度

「労働安全衛生（化学物質の分類、表示及び安全性データシート）規則2013」（Occupational safety and health（classification, labelling and safety data sheet of hazardous chemicals）regulations 2013）および「環境有害物質の届出・登録制度」（The Notification and Registration Scheme of Environmentally Hazardous Substances）

　　労働安全衛生法[*1]の下位規則として分類や表示、SDSを定めたCLASS規則[*2]により、危険有害性を有する工業用化学品を年間1トン以上取り扱う製造・輸入者は年次届出が必要です。さらに現時点では任意の制度ですが、環境有害物質（EHS）届出・登録制度に基づく届出も運用されています。

 ## 何のための規制？

　CLASS規則は、労働安全衛生法の下位規則として、分類や表示、SDSに関連する化学品の製造者、雇用者、労働者の義務等を定め、労働者保護の実現を目的としています。また、EHS届出・登録制度[*3]は、国内に流通する化学物質の危険有害性等の情報を収集し、規制化に向けた基礎情報として活用することを目的とした任意制度です。

 ## 対象となる物質は？

　CLASS規則は、GHSに基づく分類の結果、危険有害性を有するすべての工業用化学品（物質または混合物）を対象としています。また、EHS届出・登録制度は、危険有害性を有する物質および混合物の中の物質が対象です。なお、危険有害性が明らかな物質についてはリストが公表されています[*4]。

 ## 何をしなくてはいけないの？

　CLASS規則の対象となる化学品の年間取扱量が1トン以上となった製造・輸入

マレーシア：CLASS規則及びEHS届出・登録制度

序章
第1章
第2章
第3章
第4章
第5章
第6章
第7章

化学物質規制について

者は、翌年3月31日までに危険有害性分類や取扱量実績などの情報を人的資源省労働安全衛生局（DOSH）に提出しなければなりません。なお、CLASS規則の対象となる化学品の場合には、GHSに準拠したラベル表示やSDSの提供も必要となります。一方、EHS届出・登録制度は、対象物質の年間取扱量が1トン以上となった製造・輸入者に対して、翌年6月30日までに取扱量実績や用途などの情報を「基本届出」として天然資源環境省環境局（DOE）に提出するよう求めています。なお、既に危険有害性が特定された物質リスト（EHSおよびCMR参照リスト）に該当しない物質は、さらに「詳細届出」としてSDSや危険有害性に関するデータ等の追加情報を1回のみ提出することが求められています。

 これも知っておこう！

　現状、危険有害性を有する物質等について、法規制と任意制度の2つの制度が運用されている状況ですが、EHS届出・登録制度の法制化やCLASS規則との一本化等に向けて、継続して検討が続けられています。

参考情報

* 1　https://www.dosh.gov.my/index.php/legislation/regulations/regulations-under-occupational-safety-and-health-act-1994-act-514/522-pua-131-2000-1/file

* 2　https://www.dosh.gov.my/index.php/legislation/codes-of-practice/chemical-management/3460-industry-code-of-practice-on-chemicals-classification-and-hazard-communication-amendment-2019-part-1/file

* 3　https://myehs.doe.gov.my/portal/ehsnr/

* 4　https://www.doe.gov.my/portalv1/wp-content/uploads/2014/08/list-of-hazardous-substances.pdf

タイ：有害物質法

「有害物質法」(Hazardous Substances Act B.E. 2535)

　　有害物質法*1は、1992年に施行された法律で、一般的な工業用化学品を所管する工業省をはじめとして、農業協同組合省、保健省、エネルギー省といった複数の省庁が有害物質リストを作成し、製造や販売、使用等の取扱いにあたり各種の義務を定めています。これまでに3回の改正を経て2019年4月30日に第4版が公布され、2020年10月27日から実施されます。今回の改正点は、有害物質のタイ国内通過（transit）、再輸出／再輸入の手続き簡素化と有害物質の広告の規制・監視を追加するものです。

 ## 何のための規制？

　この法律の目的は、有害物質が人や動植物、財産に危険を及ぼすことを防止することであり、製造・輸入や使用、廃棄など有害物質を取り扱う者を対象としています。

 ## 対象となる物質は？

　有害物質リストは所管当局ごとに定められ、工業省所管のリスト5にはリスト5.1～5.6の6つのサブリストが定められています。

5.1　明確な識別子を持つ有害物質

5.2　廃棄化学物質

5.3　電気電子機器使用化学物質

5.4　その他HCFCs（hydrochlorofluorocarbons）等の化学物質

5.5　化学兵器

5.6　有害物質法の有害物質の定義を満たすその他の化学物質

　リスト5.1～5.5は具体的な化学物質が特定されていますが、2016年8月に新たに

タイ：有害物質法

序章

第1章

第2章

第3章

第4章

第5章

第6章

第7章

化学物質規制について

制定されたリスト5.6は次の危険有害性に該当するすべての化学物質が対象です。

■ リスト5.6が定める危険有害性分類

爆発性	引火性	酸化性、過酸化性	毒性	変異原性
腐食性	刺激性	発がん性	生殖毒性	環境有害性

 何をしなくてはいけないの？

　有害物質リストで特定された物質は第1種から第4種有害物質に区分され、区分に応じた取扱い上の義務が課されています。また、リスト5.6に該当する化学物質および混合物を1トン超取り扱う製造者・輸入者には当局への届出が課されています。

■ 有害物質の区分

第1種有害物質	定められた基準や手続きにより、製造・輸出入・保有しなければならない有害物質
第2種有害物質	所管当局へ登録した上で、定められた基準や手続きにより、製造・輸出入・保有しなければならない有害物質
第3種有害物質	許可証を得た上で、製造・輸入・輸出・保有しなければならない有害物質
第4種有害物資	人、動物、植物、財、環境への危険防止・軽減のため、製造・輸入・輸出・保有のいずれも認められない有害物質

　これらに加え、有害物質にはGHSに基づくラベル表示、SDSの提供も義務付けられています。

 これも知っておこう！

　リスト5.6の届出情報等をもとに、既存化学物質リストを作成し、既存化学物質の管理強化や新規化学物質の登録制度の確立を目指しています。

📖 参考情報

＊1　https://members.wto.org/crnattachments/2019/TBT/THA/19_3337_00_x.pdf

フィリピン：有害物質及び有害・核廃棄物管理法

「有害物質及び有害・核廃棄物管理法（RA6969）」（Toxic Substances and Hazardous and Nuclear Wastes Control Act of 1990）

　　　フィリピンで化学物質の製造や輸入を行う事業者は、新規化学物質の届出が必要であり、また特定の既存化学物質については、遵守証明書の提出や年次報告、各種の管理や制限に対応することが必要となります。

 ## 何のための規制？

　有害物質及び有害・核廃棄物管理法[1]は、健康または環境に対して不当なリスクまたは危害をもたらす有害廃棄物および核廃棄物を含む化学物質・混合物の輸入、製造等の規制、制限または禁止を目的としています。

 ## 対象となる物質は？

　本法律に基づき、既存化学物質リスト（PICCS）が整備されており、このリストに含まれていない物質を新規化学物質として定めています。[2]

　また、既存化学物質の中で、公衆の健康、労働環境や環境に不当なリスクをもたらすと当局が判定した物質を優先化学物質（PCL）に指定しています。[3]さらにPCLの中から特に管理が必要な物質として次の6物質群については、その取扱いを規制する化学品管理令（CCO）が制定されています。

・水銀およびその化合物
・シアンおよびその化合物
・アスベスト類
・ポリ塩化ビフェニル（PCB）類
・鉛およびその化合物
・オゾン層破壊物質

フィリピン：有害物質及び有害・核廃棄物管理法

序章

第1章

第2章

第3章

第4章

第5章

第6章

第7章

化学物質規制について

 何をしなくてはいけないの？

　新規化学物質に該当する場合には、製造・輸入の90日前までに製造・輸入前届出（PMPIN）を行わなければなりません。PMPINには、簡易PMPINと詳細PMPINの２種類があり、簡易PMPINは他国の既存化学物質リストに収載されている場合に一部の提出情報が免除されます。また、少量新規化学物質やポリマーについては所定の免除申請もあります。

　既存化学物質については、2017年８月現在、48物質がPCLに指定されており、これらの物質の製造者・輸入者・使用者は、PCL遵守証明書の提出や年次報告を行わなければなりません。また、PCLのうち、水銀や鉛等の６物質群についてはCCOが制定され、製造や輸入、使用等について、登録・輸入許可書の取得、使用用途の限定や段階的禁止、年次報告、表示・保管・処理要件等の遵守など、より厳しい規制が課されています。なお、危険有害性に該当する場合にはGHSに準拠したラベル表示やSDSの提供も必要となります。

 これも知っておこう！

　法的な義務ではないものの、通関時にPICCSに収載されていることを当局が確認したことを示す「PICCS証明書」を求められる場合があります。また、新たなCCOとしてヒ素と六価クロムが検討されています。

　　　📖　参考情報

＊１　http://chemical.emb.gov.ph/wp-content/uploads/2017/03/EMB-MEMO-2003-SQI.pdf

＊２　http://www.chemsafetypro.com/Topics/Philippine/PICCS_Philippine_Inventory_of_Chemicals_and_Chemical_Substances.html

＊３　http://chemical.emb.gov.ph/?page_id=52

Q タイの有害物質リスト5.6に伴う届出は具体的にどのように実施するのでしょうか？

A タイでは有害物質法によって定められた有害物質リストがありますが、2015年2月に新たにリスト5.6が追加されました。あわせてリスト5.6に収載された10種の危険有害性のいずれかに該当する物質または混合物を年間1トン以上の製造・輸入する事業者に対して届出が義務付けられました。

過去から取扱量が年間1トンを超過していた場合には、2016年12月31日が1次期限となっていました。新たに年間1トンを超過した場合には、超過後60日以内にリスト5.6の届出が必要となります。

届出はリスト5.6の届出専用のオンライン申請システム*¹を利用して、次の情報を提出します。

・製造者または輸入者の情報
・一般名、商標名、HSコード、UN番号、IMDG/IATAコード
・化学物質の形状、収納容器の種類
・危険有害性情報（GHSに基づく危険有害性の分類および物理的化学的・有害性・生態学的情報、処分時の配慮事項など）
・構成成分情報（化学物質名、CAS番号、成分濃度）
・SDS

2016年に「タイ既存化学物質インベントリー（TECI）」の暫定版*²が公表されましたが、2017年には2016年末までに届出された情報がTECIに反映される見込みです。

タイでは、危険有害性を有する物質の情報を収集することで、TECIの整備をはじめ、これらの情報を活用したリスク評価および規制措置の検討に繋げていく方針です。

📖 参考情報

* 1 　http://haz3.diw.go.th/hazvk/jsp/login.jsp
* 2 　http://haz3.diw.go.th/invhaz/

フィリピン：有害物質及び有害・核廃棄物管理法

序章

第1章

第2章

第3章

第4章

第5章

第6章

第7章

化学物質規制について

Q フィリピンの新規化学物質の届出が免除される要件および手続きはどのような内容でしょうか？

A フィリピンでは既存化学物質リスト（PICCS）に未収載の新規化学物質については原則製造・輸入前届出（PMPIN）が必要です。ただし、次の要件を満たす場合には、PMPINが免除されます。

■ PMPINの免除要件

種別	要件
少量輸入（SQI）	新規化学物質の輸入量が年間１トン未満である場合
ポリマー	新規化学物質が次のいずれかの条件を満たすポリマーの場合 ①ポリマーを構成するモノマーのうち、２重量％以上のモノマーすべてがPICCSに収載されている ②重量ベースで上位２つ以上のモノマーがPICCSに収載されている他のポリマーの定義に含まれている

　ただし、免除を受けるためには種別に応じた免除申請を提出することが必要です。

　SQIの場合には、輸入者はSQIクリアランス様式と必要書類（GHS対応のSDSや営業許可証など）を天然環境資源省環境管理局地方事務所に提出することが必要であり、また、年間輸入量実績を翌年１月15日までに報告しなければなりません[1]。なお、SQIの有効期限は１年間であるため、継続して取り扱う場合には同様の様式で更新申請を行う必要があります。

　一方、ポリマー免除の場合は、ポリマー免除申請書と必要書類を天然資源省環境管理局に提出することが必要です。

　　　参考情報

* 1　http://ncr.emb.gov.ph/wp-content/uploads/2016/06/SQI.pdf

第 2 章

分類と表示について

定価3,5２０円（本体 3,200 円＋

国連：GHS

「化学品の分類および表示に関する世界調和システム」（GHS：Globally Harmonized System of Classification and Labelling of Chemicals）

GHSは、国連勧告として2003年に採択された、世界的に統一された分類基準により、化学品（化学物質や混合物）のハザードを分類し、ラベル表示やSDSを提供するシステムです。GHSの基本となる文書が国連から、2年ごとに更新されて公表されます。表紙が紫色のため、通称、「パープルブック」と呼ばれています。2020年7月時点での最新版は、2019年に公表された第8版です。*¹本稿では、JIS Z7253：2019が準拠しているGHS第6版*²をベースに説明しています。

 何のための規制？

GHSでは、分類（方法と判断基準）と情報伝達方法（絵表示、表示、SDS）を定めて国際的に統一することで、以下の4つの効果の達成が期待されています。
1）健康の維持と環境の保護を強化
2）既存のシステムを持たない国々へ国際的に承認された枠組みを提供する
3）化学品の試験、評価の必要性を減少させる
4）化学品の国際取引の促進

 対象となる物質は？

GHSはすべての化学品に適用されます。分類基準でハザードを有する化学品について、ラベル表示、SDSの提供が求められます。

国連：GHS

序章

第1章

第2章

第3章

第4章

第5章

第6章

第7章

分類と表示について

 何をしなくてはいけないの？

　GHSでは、危険有害な化学品に対して、分類（混合物の分類も含む）、SDSの作成、ラベルによる表示が要求されます。

1．分類

　GHSではハザードを、爆発や火災の危険性等の「物理化学的危険性」、人の健康を脅かす危険性を「健康有害性」、地球環境を脅かす「環境有害性」に分類します。さらに、物理化学的危険性を17項目、健康有害性を10項目、環境有害性を2項目の計29項目に分けています。各項目は下記のとおりです。

■ GHS（第6版）の分類項目

物理化学的ハザード		
爆発物	可燃性ガス	エアゾール
酸化性ガス	高圧ガス	引火性液体
可燃性固体	自己反応性物質および混合物	自然発火性液体
自然発火性固体	自己発熱性物質および混合物	水反応可燃性物質および混合物
酸化性液体	酸化性固体	有機過酸化物
金属腐食性物質	鈍感化爆発物	
健康ハザード		
急性毒性	皮膚腐食性/刺激性	眼に対する重篤な損傷性/眼刺激性
呼吸器感作性または皮膚感作性	生殖細胞変異原性	発がん性
生殖毒性	特定標的臓器毒性（単回ばく露）	特定標的臓器毒性（反復ばく露）
誤えん有害性		
環境ハザード		
水生環境有害性	オゾン層への有害性	

　分類項目については、ハザードの強弱等により、ハザードの大きい方から、「区分1」、「区分2」、「区分3」等と表示されます。

　混合物の分類は、混合物そのものの試験データで行うことが原則ですが、混合物そのものについて試験データが入手できない場合、「つなぎの原則」（成分の希釈度、濃縮度、同一有害性区分の中での内挿などを用いて分類）に従って、分類すること

もできます。ただし、物理化学的危険性については試験を行うことが望ましく、健康・環境有害性については既知の有害性情報に基づいて、加算式や濃度限界を用いる分類方法が示されています。

２．ハザード項目に割り当てられる絵表示（ピクトグラム）

分類されたハザードを分かりやすくするために、下表のように、９種類の絵表示（ピクトグラム）が割り当てられています。

■ ピクトグラムと対応するハザード分類

【炎】	可燃性ガス エアゾール（区分1、2） 引火性液体 可燃性固体 自己反応性物質 　　および混合物 　　　　（区分B〜F） 自然発火性液体/固体 自己発熱性物質 水反応性物質 有機過酸化物 　　　　（区分B〜F） 鈍感化爆発物	【円上の炎】	酸化性ガス 酸化性液体 酸化性固体	【爆弾の爆発】	爆発物 自己反応性物質 　　および混合物 　　　（区分A、B） 有機過酸化物 　　　（区分A、B）
【腐食性】	金属腐食性物質 皮膚腐食性/刺激性 眼に対する重篤な 　　損傷性/眼刺激性	【ガスボンベ】	高圧ガス	【どくろ】	急性毒性 　　　（区分1〜3）
【感嘆符】	急性毒性（区分4） 皮膚刺激性（区分2） 眼刺激性（区分2） 皮膚感作性 特定標的臓器毒性 　　　　（区分3） オゾン層への有害性	【環境】	水生環境有害性	【健康有害性】	呼吸器感作性 生殖細胞変異原性 発がん性 生殖毒性 特定標的臓器毒性 　　　（区分1、2） 誤えん有害性

※GHS第6版をもとに著者作成

３．ラベルの作成・貼付

GHSでは、製品の容器に添付するラベルには、下記の項目を記載することが定められています。

・製品、化学品の特定情報
・絵表示（ピクトグラム）：分類されたハザードに該当する、絵表示を記載します。
・注意喚起語：「危険」または「警告」。ハザードの分類により、記載します。
・注意書き：ハザードに該当する、安全対策、応急措置、保管、廃棄に対応する文言が制定されています。

国連：GHS

序章
第1章
第2章
第3章
第4章
第5章
第6章
第7章

分類と表示について

・製品の販売者または製造者の連絡先

この他に、所管官庁が記載を要求している追加項目があります。

次の図は上記のラベル要素が記載されたGHSに準拠したラベル例です。

■ GHSラベル例

出典：厚生労働省　職場のあんぜんサイト「GHS対応モデルラベル作成法」をもとに執筆者が作成
http://anzeninfo.mhlw.go.jp/anzen/gmsds_label/label_made_a7.html

4．SDSの作成・提供

SDSは、16項目の様式が定められています。

■ SDS　16項目

1）化学物質等および会社情報	9）物理的および化学的性質
2）危険有害性の要約	10）安定性および反応性
3）組成、成分情報	11）有害性情報
4）応急措置	12）環境影響情報
5）火災時の措置	13）廃棄上の注意
6）漏出時の措置	14）輸送上の注意
7）取扱いおよび保管上の注意	15）適用法令
8）ばく露防止および人に対する保護措置	16）その他の情報

　化学品の譲渡先にSDSを交付します。新しい化学品のハザード情報を入手した場合や、新たな規制が行われたときには、速やかにSDSを更新して、提供することが必要です。

これも知っておこう！

1．選択可能方式（ビルディングアプローチ）について

　GHSは、化学品の分類、ラベル表示やSDS記載の基本的なルールを定めたものです。各国の所管官庁は、所管の法規制のシステムにGHSのシステムをどのように採用するかは自由に決めることができます。ただし、そのシステムにGHSの一部を含み、かつそのシステムによりGHSを実施する場合には、その適用範囲には一貫性を持たせる必要があります。例えば、あるシステムで化学品の発がん性を対象にするならば、統一された分類体系と表示項目に従う必要があります。また、急性毒性の分類項目では、GHSの区分は、区分1〜区分5までありますが、EUや日本では区分1〜区分4までしか採用していません。

2．国連のGHSグローバル分類リストの作成

　輸送においては、「危険物輸送に関する勧告・モデル規則」に従って、分類し表示が行われています。GHSでは人の健康や環境への有害性の分類基準が決められていますので、「危険物輸送に関する勧告・モデル規則」と同じように、分類リストがあれば便利です。しかし、現状ではそのような分類リストは作成されていません。国連やOECDでGHSグローバル分類リストの作成を検討しています。EUでは、CLP規則で特定の物質について調和された分類リストが作成されています。これらの物質については、この分類をすることが必要です（拘束的な分類リスト）。他方、日本では、企業は参考情報として使用することができる、政府による分類データが公表されています（非拘束的な分類リスト）。国連のGHSグローバル分類リストは、非拘束的なリストの作成を目標にしています。

序論

第1章

第2章

第3章

第4章

第5章

第6章

第7章

分類と表示について

Q SDSの読み方のポイントを教えてください。

A 詳細なSDSでは分量として10ページを超えるものがあり、読み慣れないとポイントが絞りきれません。初見のSDSでは、項目1から順番に読むのではなく、次のような順番もあります。

まず、作成日、改訂日を見て有効性を確認した上で
（1）項目1：化学物質名を確認
（2）項目15：適用される法律を確認し、規制概要を把握
（3）項目2：ハザードを確認
（4）項目3：組成、成分情報を確認、
という手順で一覧することも効率的です。

以降は読み手の立場により、重点的に確認する項目が異なります。最終的に全項目を読むことは必要ですが、目的を持って読むと理解が深まります。
　経済産業省と厚生労働省がラベル表示・SDS提供制度のガイダンス[3]を出していますので、参考にしてください。

📖 参考情報

* 1　http://www.unece.org/trans/danger/publi/ghs/ghs_rev08/08files_e.html

* 2　http://www.env.go.jp/chemi/ghs/

* 3　https://www.mhlw.go.jp/new-info/kobetu/roudou/gyousei/anzen/130813-01.html

EU：CLP規則

「物質及び混合物の分類、表示及び包装に関する規制」（Regulation on Classification, Labelling and Packaging of substances and mixtures）

CLP規則*¹は、EUにおける化学品の分類、表示と包装に関する規則として、EU域内に物質または混合物を上市する製造者・輸入者を対象に2009年1月に施行されました。

 何のための規制？

CLP規則は、人の健康・環境の高いレベルでの保護、ならびに物質および混合物の自由な移動を確実にすることを目的としています。同規則では、物質および混合物の流通にあたり、使用者が物質および混合物を安全に取り扱うために、4つの主要な義務を課しています。

1）分類：物質および混合物を分類する
2）表示：分類結果に基づき物質および混合物の情報を表示する
3）包装：分類結果や用途に基づき、適切な容器包装を行う
4）届出：ECHAに分類結果等の情報を届出する

 対象となる物質は？

医薬品、化粧品、食品添加物など他の法律で規制を受けている場合等を除き、原則すべての物質・混合物はCLP規則が求める分類の対象です。また、分類の結果、ハザードを有する物質・混合物など、所定の条件に該当する場合には表示や包装、届出の対象となります。

EU：CLP規則

序章
第1章
第2章
第3章
第4章
第5章
第6章
第7章

分類と表示について

 何をしなくてはいけないの？

1．分類（Classification）

　製造者・輸入者等の供給者はEUに上市予定の物質・混合物について、CLP規則の附属書で定められた分類基準に従い、上市前にハザードの分類を行うことが必要です。なお、分類対象の物質がCLP規則附属書Ⅵの「ハザード物質の調和化された分類及び表示リスト」に収載されている場合には、原則としてこの表で定められた分類結果を使用しなければなりません。

2．表示（Labelling）

　CLP規則に従い分類した結果、ハザードを有すると判断された物質・混合物について、①Supplier identity（供給者の名称、住所、電話番号）、②Nominal quantity（内容量）、③Product identifiers（製品識別子）、④Hazard pictograms（絵表示）、⑤Signal words（注意喚起語：WarningまたはDangerの上位1つ）、⑥Hazard statements（Hコードのハザード情報）、⑦Precautionary statements（Pコードの安全対策、応急措置、保管、廃棄に関する記載）、⑧Supplemental information（補足的情報）、の8項目のラベル表示を行います。

■ 表示例

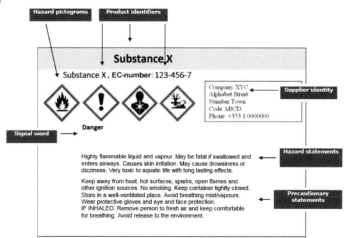

出典：「Guidance on labelling and packaging in accordance with Regulation（EC）No 1272/2008」July 2017, Version3.0
　　　https://echa.europa.eu/documents/10162/23036412/clp_labelling_en.pdf/

3．包装（Packaging）

　CLP規則に従い分類した結果、ハザードを有すると判断された物質・混合物の包装材は内容物が漏出しないような設計・材料であることが求められます。また、分類結果が急性毒性や皮膚腐食性等の所定のハザードに該当する物質・混合物を一般公衆向けに供給する場合には、触覚による警告や子供による誤使用を防止するための留め具といった要件を満たす包装を行うことも必要です。

4．届出（Notification）

　次の条件に該当する場合には、上市後1カ月以内にCLP規則の届出が必要となります。

　1）EU REACH規則で登録対象となる物質（ただし、EU REACH規則の登録の一部としてCLP規則による分類結果を提出している場合は不要）

　2）EU域内に上市される「ハザードあり」と分類された物質

　3）EU域内に上市される混合物中で、CLP規則で「ハザードあり」と分類された物質を濃度限界値以上含有している混合物（年間1トン未満でも届出が必要）

　なお、届出は次の情報をECHAのツール（REACH-IT）から提出することになります。

　1）届出者の情報（氏名、連絡先）

　2）物質の情報（IUPAC名・CAS番号など）

　3）物質の分類

　4）分類されない場合、その理由（「データがない」、「決定的でないデータ」、「決定的であるが分類には不十分」のいずれか）

　5）特定の濃度限界値またはMファクター

　6）ラベル要素（絵表示、注意喚起語、ハザード情報）

 これも知っておこう！

　CLP規則は、2015年6月1日に全面的に適用になりました。EU内で流通するすべてのハザードを有する物質および混合物は、CLP規則に基づき分類、表示、包装する必要があります。

　混合物の健康有害性や環境有害性を分類するには混合物そのものの試験データがある場合にはそれを使いますが、そのものの試験データがなくても含まれる

EU：CLP規則

序章

第1章

第2章

第3章

第4章

第5章

第6章

第7章

分類と表示について

個々の成分および類似混合物の信頼できる試験データがあれば、つなぎの原則を適用することが認められています。

　2017年3月23日にCLP規則に附属書Ⅷを追加する改正法が告示されました。[2] 附属書Ⅷは混合物に関するもので、家庭や職場で多用されている混合物による中毒に対応するために、緊急時における健康対応と予防措置に関する調和化した情報を各国の中毒センターに届出をする必要があります。

　製造者・輸入者はECHAに混合物を届け出て、固有の化学式識別子（Unique Formula Identifier（UFI））を得て、混合物の構成やハザード情報を登録し、表示をします。適用日は次のようになります。

　家庭用など消費者用途：2021年1月1日

　職人など専門家用途：2021年1月1日

　工業労働者など産業用途：2024年1月1日

　📖　参考情報

* 1　https://www.echa.europa.eu/web/guest/regulations/clp/legislation

* 2　http://eur-lex.europa.eu/legal-content/EN/TXT/PDF/?uri=CELEX:32017R 0542&from=EN

Q 小さな容器の場合、すべての表示が困難です。どのように表示すればよいのでしょうか。

A CLP規則[*1]では、125ml未満の小さな容器に入った物質や混合物で、形状や容器サイズにより折りたたみラベル、吊り下げタグまたは外装パッケージに要求項目をすべて表示することが難しい場合には、表示の一部を省略することができます。たとえば、物質または混合物のハザード分類またはカテゴリーが次ページの表に該当する場合には、該当する項目に関するHazard Statements（Hコードのハザード情報）、Precautionary statements（Pコードの安全対策、応急措置、保管、廃棄に関する記載）またはHazard pictograms（絵表示）をラベル表示から省くことができます。

しかしながら、物質または混合物がこの表のリスト以外のハザードを含む場合には、そのリスト以外のハザードクラスを示すHazard StatementsとPrecautionary statementsを表示する必要があります。

■ 8mlボトルに入った物質の表示例

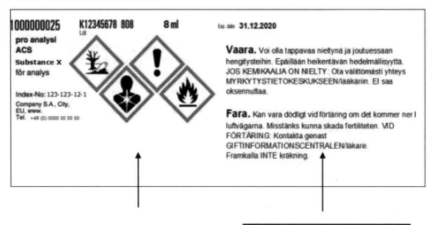

省略できない表示　　　　　　　　　省略された表示

出典：「Guidance on labelling and packaging in accordance with Regulation（EC）No 1272/2008」July 2017, Version 3.0

　　https://echa.europa.eu/documents/10162/23036412/clp_labelling_en.pdf/

（注）容器サイズの制約があっても、表示側にある4ピクトグラムは省略できません。折りたたみラベルの採用や容器サイズを変えるなどの対応が必要です。

EU：CLP規則

序節

第1章

第2章

第3章

第4章

第5章

第6章

第7章

分類と表示について

■ 分類と省ける項目例

物質または混合物の危険有害性クラスまたはカテゴリー	Section 1.5.2 of Annex I to CLPに基づき省ける項目
Oxidising gases cat. 1 (H270) Gases under pressure (H280, H281) Flammable liquids cat. 2 or 3 (H224, H225) Flammable solids cat. 1 or 2 (H228) Self-reactive substances or mixtures, types C, D, E or F (H242) Self-heating substances or mixtures, cat. 2 (H252) Substances and mixtures which, in contact with water, emit flammable gases, cat. 1, 2 or 3 (H260, H261) Oxidising liquids cat. 2 or 3 (H272) Oxidising solids cat. 2 or 3 (H272) Organic peroxides, types C, D, E or F (H242) Acute toxicity cat. 4 (H302, H312, H332) (if the substance or mixture is not supplied to the general public) Skin irritation cat. 2 (H315) Eye irritation cat. 2 (H319) STOT-SE cat. 2 or 3 (H371, H335, H336) (if the substance or mixture is not supplied to the general public) STOT-RE cat. 2 (H373) (if the substance or mixture is not supplied to the general public) Hazardous to the aquatic environment – short-term (acute) aquatic hazard, cat. Acute 1 (H400) Hazardous to the aquatic environment – long-term (chronic) aquatic hazard, cat. Chronic 1 or 2 (H410 or H411)	左記、危険有害性クラスに属する場合、次の2項目を省くことができます。 （1）Hazard Statements（Hコードの危険有害性情報） （2）Precautionary statements（Pコードの安全対策、応急措置、保管、廃棄に関する記載） Hazard pictograms（絵表示）、Signal words（注意喚起語）は表示が必要です。

出典：「Guidance on labelling and packaging in accordance with Regulation（EC）No 1272/2008」July 2017, Version 3.0
https://echa.europa.eu/documents/10162/23036412/clp_labelling_en.pdf/をもとに執筆者が和訳

参考情報

＊1　https://echa.europa.eu/regulations/clp/labelling

日本：JIS Z 7252/JIS Z 7253

「JIS Z 7252：2019：GHSに基づく化学品の分類方法」[*1]
「JIS Z 7253：2019：GHSに基づく化学品の危険有害性情報の伝達方法－ラベル、作業場内の表示及び安全データシート（SDS）」[*2]
（JIS Z 7252：Classification of chemical based on "Globally Harmonized System of Classification and Labelling of Chemicals（GHS）"）
（JIS Z 7253：Hazard communication of chemicals based on GHS- Labelling and Safety Data Sheet（SDS））

JIS Z 7252はGHSによる化学品の分類方法として2014年に、JIS Z 7253はGHSに基づく化学品の情報伝達方法として2012年に、それぞれ日本工業規格（JIS）（現・日本産業規格）として制定され、その後改訂を重ねて現在はJIS Z 7252：2019およびJIS Z 7253：2019が最新版です。

 何のための規制？

日本にGHSを導入する場合のJIS規格として制定されています。化管法では、条文でJISを引用していますので、JISに準拠することが努力義務となっています。労安法では、JISに準拠して、ラベル表示、SDSの作成をすれば、労安法を遵守していることになります。毒劇法では、JISを採用することが推奨されています。

 対象となる物質は？

化管法、労安法、毒劇法は、それぞれの法律で特定された物質が、原則対象になります。ただし、ハザードに分類される化学品を市場に流通させる場合には、その化学品による災害の発生、人の健康障害や環境汚染を防止するために、これらの法律に特定されていない化学品にもJISに準拠したラベルを貼付し、SDSを交付する必要があります。

日本：JIS Z 7252/JIS Z 7253

序章

第1章

第2章

第3章

第4章

第5章

第6章

第7章

分類と表示について

 何をしなくてはいけないの？

　JIS Z 7253のハザード情報のもとになる化学品の分類は、JIS Z 7252で規定され
ている分類方法によって行います。JIS Z 7252では事業者が"自主的に分類"ができ
るように、GHSに基づく分類[*3、4]を各ハザードクラスの区別およびハザード区分
の区別を明確にすることで、可能な限り簡潔に分かりやすく規定されています。
JIS Z 7252では、分類に必要な情報およびその内容決定の手順について、主に以
下のような項目で規定しています。

・分類の概念
・分類基準および分類手順
・利用可能なデータ、試験方法および試験データの質
・混合物の分類に特別に考慮しなければならない事項

　化学品のハザード情報は、化学品による災害の防止対策や事故時の措置などに
おいて最も基本的で重要なものであり、一般にこの情報の伝達は、それを取り扱
う者に対してはラベルで、事業者間ではSDSで行われます。作業場内ではラベル
に代わる場内掲示などの方法が適切な場合もあります。

　JIS Z 7253では、化学品を取り扱う者にハザード情報を包括的に分かりやすく伝
え、適切に管理するために次の事項を規定しています。

・ラベルの記載項目
・作業場内の表示の方法
・SDSの記載項目
・情報伝達の方法

　化管法では、SDSの提供が義務付けられています。労安法ではラベル表示、
SDSの提供が義務付けられています。毒劇法では、ラベル、SDSの提供が義務付
けられています。

　ハザードの化学品を出荷する場合には、これらの法律をすべて遵守する必要があ
ります。ある化学品に二つ以上の法律が適用される場合には、混合物の成分情報
の開示には適用される法律のすべての成分の開示をしなければなりません。また、
含有率の開示においては、化管法では有効数字2桁で、労安法では、含有率の下
1桁を切り捨てた数値と切り上げた数値の幅を持たせた表記（例えば、15％の場合

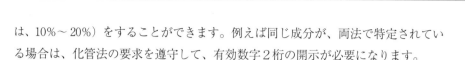

は、10％〜20％）をすることができます。例えば同じ成分が、両法で特定されている場合は、化管法の要求を遵守して、有効数字2桁の開示が必要になります。

これも知っておこう！

　JIS Z 7252/JIS Z 7253は2015年発行の国連GHS文書第6版に準拠して制定されていますが、国連GHS文書はその後改訂が進んでおり、2019年7月に発行された第8版が最新版となります。

　GHS第7版では、第6版から主に次の追加・改訂がされています。

　1）可燃性ガスの区分1の分類基準の修正

　2）各種の健康有害性分類の定義などの分類基準の見直し

　3）バラ積み貨物輸送へのSDS第14項（輸送情報）の適用

　4）附属書3の注意書きの合理化

　5）附属書7での小型包装物における折りたたみラベルの例示

　GHS第8版では、第7版から主に次の改正がされています。

　1）「第2.3章エアゾール」が「第2.3章エアゾールおよび加圧下化学品」に変更になり、「加圧下化学品」が追加

　2）「第3.2章皮膚腐食性／刺激性」が大幅に改正

　3）「特定標的臓器毒性」の分類区分明確化

　4）附属書3の注意書きに「子供の手の届かないところに保管」を追加

　5）附属書7に新しく例10：複数の異なる製品のセットに対するラベルを追加

　6）「附属書11分類に入らない他の危険有害性ガイダンス」として「粉塵爆発」に関するガイドが追加

　日本では、GHS第7版、第8版は全面的にはJISにまだ反映されていませんが、第6版の誤記に対する第7版での修正は反映させています。各国のGHSへの対応は国によって第2版から第6版までバラツキがありますが、主要国ではほとんどが第6版以上対応になっています。

　ただし、GHSの導入はビルディングアプローチと呼ばれる部分導入を認めていますので、日本も含め各国は自国の従来分類との調和を考慮して一部の分類を取り入れていないケースが多いので、注意が必要です。

■ JIS Z 7252の分類におけるビルディングアプローチ（採用部分に影付け）

・物理化学的危険性

爆発物	不安定	1.1	1.2	1.3	1.4	1.5	1.6
可燃性ガス	1	2	自然発火	A	B		
	可燃性			不安定			
エアゾール	1	2	3				
酸化性ガス	1						
高圧ガス	圧縮	液化	深冷液化	溶解			
引火性液体	1	2	3	4			
可燃性固体	1	2					
自己反応性化学品	A	B	C	D	E	F	G
自然発火性液体	1						
自然発火性固体	1						
自己発熱性化学品	1	2					
水反応可燃性化学品	1	2	3				
酸化性液体	1	2	3				
酸化性固体	1	2	3				
有機過酸化物	A	B	C	D	E	F	G
金属腐食性化学品	1						
鈍感化爆発物	1	2	3	4			

・健康有害性

急性毒性	1	2	3	4	5	
皮膚腐食性/刺激性	1	1A	1B	1C	2	3
	腐食性				刺激性	
眼損傷性/刺激性	1	2A	2B			
呼吸器感作性/皮膚感作性	1	1A	1B			
生殖細胞変異原性	1A	1B	2			
発がん性	1A	1B	2			
生殖毒性	1A	1B	2	授乳		
特定標的臓器毒性（単回）	1	2	3			
特定標的臓器毒性（反復）	1	2				
誤えん有害性	1	2				

・環境有害性

急性水生環境有害性	1	2	3	
慢性水生環境有害性	1	2	3	4
オゾン層への有害性	1			

出典：JIS Z 7252をもとに筆者作成

序順
第1章
第2章
第3章
第4章
第5章
第6章
第7章
分類と表示について

また、ラベルの「緊急連絡先電話番号」は、国により365日24時間対応が必要など、要求が異なりますので、留意する必要があります。

📖 参考情報

---

* 1　http://www.jisc.go.jp/

* 2　http://www.jisc.go.jp/

* 3　https://www.meti.go.jp/policy/chemical_management/int/files/ghs/GHS_gudance_rev_2020/GHS_classification_gudance_for_enterprise_2020.pdf

* 4　http://www.safe.nite.go.jp/ghs/ghs_index.html

序章

第1章

第2章

第3章

第4章

第5章

第6章

第7章

分類と表示について

Q 材料メーカーである弊社は、販売先から「GHSに基づいてSDSを提供してほしい」と要求されました。具体的に何をすればよいのでしょうか。

A GHSは国連の「化学品のハザードの種類と程度について、世界統一ルールによって分類し、ラベル表示とSDSを提供する」仕組みです。世界の多くの国で導入されており、日本においては、GHSは日本産業規格（JIS）で規定され、JIS Z 7252で「GHSに基づく化学品の分類方法」、JIS Z 7253で「GHSに基づく化学品の危険有害性情報の伝達方法－ラベル、作業場内の表示及び安全データシート（SDS）」として制定されています。

化管法、労安法、毒劇法のいずれも、SDSの提供を求めています。

化管法では、法令条文にJIS Z 7253に基づく情報伝達の努力が求められています。労安法では、法令には規定がありませんが、告示、通達でJIS Z 7253に基づく作成をすれば、労安法の要求を満たしているとしています。毒劇法では、JIS Z 7253に準拠してSDSを作成することを推奨しています。

以上のことから、提供先からのGHSに準拠したSDS作成の要請に対しては、JIS Z 7253に準拠してSDSを作成すればよいことになります。

なお、化学品を提供する場合には、GHSラベルの貼付も必要です。この場合、JISでは規定されていない表示を記載する必要があります。毒劇法が適用される場合には「医薬用外毒物」あるいは「医薬用外劇物」の文言を記載することが必要です。また、消防法の危険物に該当する場合は、消防法の危険物分類を記載することが必要です。

米国：危険有害性周知基準（HCS）

「危険有害性周知基準」（Hazard Communication Standard：HCS）[1]

HCSは、米国労働省（DOL: Department of Labor）・労働安全衛生局（OSHA: Operational Safety & Health Administration）が規定している、事業場の労働者に、GHSに準拠した化学物質のハザードに関しての情報伝達を行うための基準です。

何のための規制？

HCSでは、GHSに従って化学品のハザードを分類しラベルとSDSで情報伝達することによって、作業場での労働者の安全と衛生を確保することを目的としています。

対象となる物質は？

HCS附属書Aの基準に従ってハザードが分類された化学物質・化学品が対象となります。[1]

何をしなくてはいけないの？

HCSでの主な要求事項として次の4つがあります。

1．ハザードの分類

化学品の供給者（製造者および輸入者）は、GHS分類に準拠した健康有害性と物理的危険性の物質および混合物の分類基準であるHCS 附属書Aに従って、化学物質・化学品を分類する必要があります。

2．ラベルの貼付

化学品の供給者（製造者および輸入者）はGHSに準拠した以下の項目をラベルに

表示して容器等に貼付する必要があります。

　・製品識別

　・注意喚起語

　・ハザード情報

　・絵表示

　・使用上の注意

　・製造者、輸入者、関係責任者の名前・住所・電話番号

３．SDSの作成・提供

　化学品の供給者（製造者および輸入者）は販売先に対して、基本的にGHSと同じ16項目（87ページ表参照）が記載されたSDSを作成し提供する必要があります。

　ただし、労働者が直接必要としない12項（環境影響情報）、13項（廃棄上の注意）、14項（輸送上の注意）および15項（適用法令）はHCSでは義務とされていません。

４．情報とトレーニング

　雇用者側の義務として、労働者によるラベルとSDSの認識と理解を促進するために、労働者に化学品に関してラベルSDSの読み方や対処方法についてトレーニングを施すことが要求されています。要求はトレーニングであり、教育（education）ではないことに留意しなくてはなりません。

　施行当初では、「雇用者は、2013年12月１日までに、作業者に対し新しいラベル要素とSDS形式のトレーニングを行う。」、2015年６月１日までに「例外を除いて化学メーカー、輸入業者、物流業者および雇用者は最終規則として変更された規定に準拠しなくてはならない。」、雇用者は2016年６月１日までに「必要に応じて、作業場所の表示と危険情報プログラムを更新し、新しく特定された物理的および健康有害性に対する作業者向け追加トレーニングを提供する。」という、段階的対応を認めていました。

　また、物流業者は、2015年12月１日までは、「旧システムにより製造業者が表示した製品を出荷してもよい。」とされていました。

　いずれも、経過期間が過ぎましたので、強制対応になります。

 これも知っておこう！

HCSは次の10項目と６つの附属書で構成されています。

分類の基準については、人の健康に関する基準が附属書A、物理的危険性に関する分類基準が附属書Bで規定されていますが、環境有害性は規定されていないことに注意が必要です。

　ラベル関しては附属書C、SDSに関しては附属書Dで、それぞれ規定されています。

　HCSでは企業秘密に関する定義や従業員訓練に関して規定されていることにも注意が必要です。

　HCSの構成：

（a）目的

（b）範囲および適用

（c）定義

（d）ハザード分類

（e）文書化されたハザード周知プログラム

（f）ラベルおよびその他の警告の形態

（g）SDS

（h）従業員への通知および訓練

（i）企業秘密

（j）発効日

　附属書A：健康有害性基準

　附属書B：物理的危険性基準

　附属書C：ラベル要素

　附属書D：SDS

　附属書E：企業秘密の定義

　附属書F：ハザード分類のガイダンス：発がん性

　なお、HCSはGHS第3版をベースとしていますが、一部、第4版を推奨しています。*2

米国：危険有害性周知基準（HCS）

序章

第1章

第2章

第3章

第4章

第5章

第6章

第7章

分類と表示について

参考情報

* 1　https://www.osha.gov/dsg/hazcom/

* 2　https://www.osha.gov/Publications/OSHA3844.pdf

> **Q** HCSでは事業者（経営者）に化学品の取扱いについて従業員トレーニングを要求していますが、どのような内容でしょうか？

A 　米国におけるGHS準拠の分類表示の基準であるHCSの特徴として、化学品の取扱いについての従業員トレーニングを経営者に義務付けていることが挙げられます。

米国労働安全衛生局（OSHA）からガイダンス「HAZARD COMMUNICATION Small Entity Compliance Guide for Employers That Use Hazardous Chemicals」[1]が発行されていますが、その中に「効果的なハザード・コミュニケーション・プログラムのための6つのステップ」が記載されています。この6項目は、事業所の化学物質管理において、経営者が従業員トレーニングとして行わなくてはならないことを6つのステップで示しています。

ステップ1　基準（HCS）を学ぶ／責任者を決める
・HCSのコピーを入手すること
・基準の条項に詳しくなること
・実行をコーディネートする責任者を決めること
・トレーニングなど個々の活動ごとに担当スタッフを決めること

ステップ2　ハザード・コミュニケーション・プログラムを作成し実行する
・自社施設内でハザード・コミュニケーションがどのように行われるか文書化された計画を作成すること
・作業場におけるすべての有害性化学品のリストを作成すること

ステップ3　容器へのラベル表示を確実にする
・作業場の個々の有害化学品のSDSを保管すること
・SDSを従業員に閲覧できるようにしておくこと

ステップ4　SDSを維持保管する
・作業場において有害性がある化学品ごとのSDSを維持保管すること
・従業員がSDSにアクセスして閲覧できることを確実にすること

米国：危険有害性周知基準（HCS）

序章

第1章

第2章

第3章

第4章

第5章

第6章

第7章

分類と表示について

ステップ5　従業員に周知・トレーニングを施す

・配属前、あるいは、新たな危険有害物が導入される際に、有害性を持つ化学
　品に関して従業員にトレーニングを行うこと

・基準の要求事項、化学品のハザード、適切な保護対策、追加情報をどこでど
　のように入手するか、をトレーニングに含めること

ステップ6　自社のプログラムを評価し見直す

・自社のハザード・コミュニケーション・プログラムを定期的に見直して、そ
　れが機能し続けているか、目的に合致しているか、確認すること

・新しい化学品や新たに判明した有害性など、作業場での変化する状況に合わ
　せて自社のプログラムを適切に改訂すること

　このようにHCSでは、作業場に存在する化学品の有害性リスクを従業員に知ら
しめること、リスク対策としてのトレーニングを施すことを企業の経営者に要求
しています。日本の労働安全衛生法でも化学品リスクアセスメントにおける労働
者への周知が義務化されていますが、GHSに準拠したラベルとSDSへの理解を促
進させる従業員トレーニングは米国でも労働安全における重要な位置付けになっ
ています。

　　　　参考情報

＊1　　https://www.osha.gov/Publications/OSHA3695.pdf

アジアの分類基準

GHSに基づくアジア各国における分類と表示の基準

アジアの分類基準は、アジア各国ごとに、主にGHSに基づくハザード物質の分類・表示基準として制定が進められていますが、その導入の程度や該当法規の位置付けは国によって異なります。

 ## 何のための規制？

GHSは「世界統一ルールによる化学品のハザードの種類と程度による分類、ラベル表示やSDSを提供する仕組み」ですが、EUではCLP規則、日本では日本産業規格（JIS）JIS Z 7252およびJIS Z 7253、米国ではHCSというように、それぞれの国が国内法や国内規格によって導入しています。

アジア各国でも、ハザードを持つ化学品および化学物質の情報伝達を確実にするため、GHSを導入して化学品の有害性や安全な取扱いに関する情報伝達のルール化をその国の状況に応じて進めています。

 ## 対象となる物質は？

国によって異なりますが、基本的には工業用の物質・混合物が分類の対象であり、分類した結果、ハザードに分類される物質・混合物に対して、表示やSDS等が求められています。

 ## 何をしなくてはいけないの？

多くの国でGHSの導入が進められており、日本・米国・EU等と同様に、供給者は上市前に物質・混合物のハザードについてGHSに基づく分類基準に従い分類を行い、分類した結果、ハザードに分類される物質・混合物に対して、原則として

アジアの分類基準

序章

第1章

第2章

第3章

第4章

第5章

第6章

第7章

分類と表示について

各国公用語による表示やSDS等が求められます。このように、主な義務は各国で共通ですが、分類基準や表示・SDSの記載事項や記載言語については一部差異がある場合もあるため、各国の要件に応じた対応が必要になります。

1．中国

中国では、GHS導入に関わる単独の法規制はなく、「危険化学品安全管理条例」など複数の法規制が分類の実施や表示・SDSの提供を規定しています。また分類や表示・SDSの具体的な要件については、国家標準で定められており、関連する主要な国家標準は次のとおりです。

・分類：化学品分類及び表示規範（GB30000.2-2013〜 GB30000.29-2013）

・表示：化学品安全表示規則（GB15258-2009）

・SDS：化学品安全技術説明書の内容と項目順序（GB/T16483-2008）、「化学品安全技術説明書作成マニュアル」（GB/T 17519-2013）

分類基準はGHSの第4版に準拠した内容ですが、SDSの緊急連絡先として24時間対応可能な中国国内の連絡を明記することが求められる等、一部固有の対応が求められています。

2．韓国

韓国における分類や表示・SDSについての主要な法規制は、産業安全保健法に基づく「化学物質の分類・表示及び物質安全保健資料に関する基準（雇用労働部告示第2016-19）」であり、工業用化学品の分類の実施や表示・SDSを規定しています。また、その他にも関連する法規制として、化評法および化学物質管理法に基づく「化学物質の分類及び表示等に関する規定」や危険物安全管理法に基づく「危険物の分類及び表示に関する基準」などがあります。基本的にGHS第4版に準拠した内容ですが、化学物質管理法の規制対象である「有毒物」については、当局が指定した分類結果を採用しなければならない等、一部固有の対応が求められます。

3．台湾

台湾では、職業安全衛生法に基づく「危害性化学品の表示及び周知規則」と毒性化学物質管理法に基づく毒性および懸念化学品の表示および物質安全資料表管理弁法によって、化学品の分類とハザードに分類された化学品の表示・SDSによる情報提供が求められています。なお、分類や表示の具体的な要件については、GHS第4版に準拠した「化学物質の分類及び表示に関する国家標準（CNS15030シリーズ）」で定められています。

４．シンガポール

　シンガポールでは、労働安全衛生法によって、工業用化学品の分類の実施や表示・SDSの提供が規定されています。なお、分類や表示・SDSの具体的な要件については、GHS第４版に準拠した「危険化学品及び危険物品に関わる危害情報伝達に関するシンガポール規格（SS 586-2014）」によって定められています。

５．ベトナム

　ベトナムでは、化学品法（06/2007/QH12）やその下位規定となる「化学物質の分類及び表示に関する通達（04/2012/TT-BCT：stipulating the regulations on classification and chemical labeling）」によってGHS第３版に準拠した化学品の分類の実施や表示・SDSの提供が規定されています。なお、表示項目として、製造日や使用期限日（ある場合）、原産地、使用・保管方法が含まれている等、一部固有の要件があります。

６．タイ

　タイでは、有害物質法によって、有害物質を対象に分類の実施や表示・SDSの提供が規定されており、工業局（DIW）をはじめ、保健局、農業局などがそれぞれ有害物質を指定し、一般的な工業用化学品を所管する工業局が指定する有害物質については、GHS改訂第３版に準拠した「有害物質の分類及びハザード情報の伝達システム」（B.E.2555年工業省告示）によって、具体的な要件が規定されています。

７．インドネシア

　インドネシアでは、「工業大臣規則2013年第23号（No.23/M-IND/PER/4/2013）」とその下位規定となるGHS技術指針・監視指針の「GHSの技術指針・監視指針に関する産業製造総局長規則（No.04/BIM/PER/1/2014）」によってGHS改訂第４版に準拠した化学品の分類の実施や表示・SDSの提供が規定されています。

８．フィリピン

　フィリピンでは、労働雇用省（DOLE）が所管する「職場におけるGHS実施ガイドラインに関する省令（DO136-14）」に加えて、環境天然資源省（DENR）が所管する「有害化学物質のSDS及び表示要件へのGHS実施手続き及び規則に関する行政命令（DAO2015-09)」によって、化学品の分類とハザードに分類された化学品には表示・SDSによる情報提供が定められています。

９．マレーシア

　マレーシアでは、「労働安全衛生（有害化学物の分類・表示・SDS）規則2013

アジアの分類基準

序章

第1章

第2章

第3章

第4章

第5章

第6章

第7章

分類と表示について

（CLASS規則）」と同規則の実施にあたっての技術的要件を定めた「化学品の分類及びハザードの情報伝達に関する産業行動規範（ICOP CHC）」によって、GHS改訂第3版に基づく化学品の分類とハザードに分類された化学品には表示・SDSによる情報提供が定められています。CLASS規則では、ハザードに分類された化学品を年間1トン以上製造・輸入した場合には成分情報、ハザード分類結果、製造・輸入量等を翌年の3月末日までに届け出をすることも必要になります。

10. その他GHS導入を目指している国

　ラオスでは、2016年11月に化学品法が国民会議で承認されました。同法で、化学品の分類（第1種～第4種）、SDS（16項目）やラベル表示が規定されていますが、詳細は今後告示される下位規定になっています。カンボジアは適正化学品法案で、GHS第4版によるSDS、ラベル表示や化学物質データベースの構築などを目指しています。ミャンマーは、化学品及び関連物質危害予防法（連邦議会法　2013-28）および同法規則（工業省通知　85-2015-2016）で、SDSやラベル表示を要求しています。

 これも知っておこう！

　GHSでは、GHSを導入しようとする国が導入可能な部分から選択的に導入できる「ビルディング・ブロック・アプローチ」という考え方があります。GHSを導入している国がすべて共通の分類・表示ルールを共有しているというわけではありません。例えば、分類において、最新のGHS改訂第7版では急性毒性は区分5まで制定されていますが、日本のJIS Z 7252/JIS Z 7253では区分4までとなっており、日本でもビルディング・ブロック・アプローチを適用していることが分かります。また、ASEAN各国の規制については、日ASEAN化学物質管理データベースを利用できます。本データベースには化学物質の各国規制情報や有害性情報のほかGHS分類結果や参考SDS等が収載されており、これらの情報を無料で入手することができます。

Q アジア諸国を中心に海外各地域に工業材料を製品（混合物）として輸出することを計画しています。GHSに準拠してラベルとSDSを英語で作成していますが、販売国で問題なく受け入れられるでしょうか？

A GHSに準拠してラベルとSDSを作成していれば、GHSを導入している国・地域では統一ルールとして基本的には受け入れられると考えられます。ただし、GHSではビルディング・ブロック・アプローチを採用しているため、GHSを導入しているといっても国・地域によっては準拠の程度に違いがあることや、独自のルールを付加している場合もあるので注意が必要です。

例えば、分類に関して、GHSでは急性毒性を区分1から区分5まで設定していますが、日本では急性毒性は区分1から区分4までの設定であり、区分5のあり、なしの違いがあります。ラベルに関しても、日本の毒劇法ではGHS準拠のラベルに加えて、赤地に白文字の「医薬用外毒物」、白地に赤文字の「医薬用外劇物」といった独自の表記も要求されており、表示にも違いがあることに着目する必要があります。

また、GHSを導入していない国ではその国固有の表示ルールが存在する場合もあります。1つの国の中でも州や県によって固有にルールが制定されていることや、運用が複雑なこともありますので、販売国の事情に通じた輸入者側と綿密な調整を事前に図ることが重要です。特にSDSの項目15である適用法令については、現地の詳細な法規制を日本で把握するのが難しいことも多いので、販売国側での調査に基づく輸入者による追加記載が望ましいと考えられます。

言語については、ビジネス上の共通言語である英語で作成して輸出者側と輸入者側で正確な意思疎通を図ることは重要で効果的ですが、販売国で製品を流通させる場合には現地の公用語で記述されたラベルとSDSを提供することが必要です。工業材料として製品（混合物）を作業に使う労働者、その製品（混合物）を運搬する輸送業者など、現場で実際に取扱いを行う人たちが理解しやすい言語で表示することが求められます。国によっては、複数の公用語や共用語が使われているケースもありますので、ユーザーの立場に立って分かりやすいラベルとSDSを提供することに留意しなくてはなりません。

販売国で定められた言語・ルールでのラベル・SDSを現地ユーザーに提供するのは基本的に輸入者側の義務ですが、日本の輸出者側としても可能な限り現地の

ルールを把握しておくことで輸入者側との連携がスムーズになります。

　アジア諸国の分類と表示のルールの最新情報は掴みにくいのですが、国際的な情報センターのウェブサイトを利用することで一定の情報を入手することができます。APEC（Asia-Pacific Economic Cooperationアジア太平洋経済協力）が提供している「GREAT Website」[1]もその１つです。GREAT Websiteでは、アジア太平洋地域でのGHS導入の毎年の進捗状況、国・地域ごとの言語によるラベル要素を一覧することができます。また、国連のUNECE GHS implementation[2]でも各国のGHS導入状況を確認することができます。

　ASEAN諸国と日本が開発した日・ASEANケミカルセーフティデータベース（AJCSD）[3]は、化学物質名から日本語での検索が可能ですので便利です。

📖　参考情報

　[1]　http://great.osha.gov.tw/ENG/index.aspx

　[2]　http://www.unece.org/trans/danger/publi/ghs/implementation_e.html

　[3]　https://www.ajcsd.org/chrip_search/html/AjcsdTop.html

序章
第1章
第2章
第3章
第4章
第5章
第6章
第7章
分類と表示について

第 3 章

電気電子製品の含有化学物質規制について

EU：RoHS指令

「電気電子機器における特定の有害物質の使用の規制に関する2011年6月8日の欧州議会及び理事会指令2011/65/EU（改定）」（DIRECTIVE 2011/65/EU OF THE EUROPEAN PARLIAMENT AND OF THE COUNCIL of 8 June 2011 on the restriction of the use of certain hazardous substances in electrical and electronic equipment（recast））＊1

　　EU RoHS指令は、EUに上市する電気電子機器を対象に特定有害物質の含有（最大許容濃度超の含有）を制限する法律として2006年に施行され、その後2011年にCEマーキング対応の要求等を加えて改正されました。2011年改正後の指令は、一般には旧指令と区別してRoHS（II）指令またはRoHS2指令＊1と呼ばれています。

 何のための規制？

　この指令の義務は、電気電子機器に附属書IIの特定有害物質を含有させないことです。対象製品は、定格電圧が交流1,000ボルト、直流1,500ボルト以下で使用するように設計されている電気電子機器です。

　附属書Iで次の11製品群（カテゴリー）に分類され、製品群により適用時期や構成部品への特定有害物質の用途の除外が異なります。

1）大型家庭用製品	5）照明装置	9）監視および制御機器
2）小型家庭用製品	6）電動工具	10）自動販売機
3）ITおよび遠距離通信機器	7）玩具、レジャーおよびスポーツ用品	11）上記でカバーされないその他の電気電子機器
4）消費者用機器	8）医療用機器	

　ただし、軍事用、宇宙機器は適用されません。また、産業用大型固定工具や大型固定据付装置なども適用されませんが、対象製品リストや対象外製品リストはなく、企業自ら判断することが求められています。

EU：RoHS指令

序章

第1章

第2章

第3章

第4章

第5章

第6章

第7章

電気電子製品の含有化学物質規制について

 ## 対象となる物質は？

特定有害物質は附属書IIに収載されています。2003年以来規定されている鉛、水銀、カドミウム、六価クロム、ポリ臭化ビフェール（PBB）、ポリ臭化ジフェニルエーテル（PBDE）の6物質群に加えて2015年6月4日のEU官報でDEHP、DBP、BBP、DIBPの4物質が新たに追加されました。均質材料中の最大許容濃度（重量比）は、カドミウム0.01重量％、それ以外の9物質は0.1重量％としています。

追加の4物質については、カテゴリー8、9は2021年7月22日から、それ以外の製品カテゴリーについては2019年7月22日から適用されています。

 ## 何をしなくてはいけないの？

RoHS指令は、電気電子機器に特定有害物質を非含有とすることと、非含有の適合宣言としてのCEマーキング対応が要求されています。具体的には、第7条の製造者の義務として以下のことが求められています。

（a）特定有害物質の非含有を確実にした設計と製造

（b）技術文書を作成し、Decision No 768/2008/ECの附属書IIのモジュールAに従い、内部生産管理手続きを実施。整合規格であるEN50581（本規格はEN IEC63000:2018に切り替わっているが、経過措置として2021年11月18日までは使用可能でその後廃止される）が技術文書に要求している要素は以下である

・製品の全般的な説明（製品カテゴリー）

・材料、部品、半組立品に関する文書

・技術文書と符合する製品中の材料、部品、半組立品の間の関係を表す情報

・技術文書を確立するために使われていた、またはそのような文書が参照する整合規格のリスト、他の技術仕様

（c）適合を宣言して、文書化し、完成品にCEマークを貼付

（d）上市後、技術文書と適合宣言書を10年間保管

（e）シリーズ化した製品においても同様の適合性を保持するために手順を確立し、適合宣言に関わる製品設計や仕様の変更に際しては、適合宣言で参照した整合規格や技術規格の変更を考慮

（f）不適合時のリコールを記録し、流通業者へ報告

（g）製品の特定を可能とする番号や要素を貼付

（h）製造者の名称、登録商号・商標および連絡先住所を表示

（i）不適合時の適合引き上げやリコール等の措置を行い、行った措置について国家当局へ報告

（j）国家当局の要求に応じ、この指令に適合していることを示すすべての情報を当局の理解できる言語で提供。また適合を確認する行動に協力

 これも知っておこう！

1. 適用除外用途

　RoHS指令では、附属書Ⅲ およびⅣで用途の除外を認めています。附属書Ⅲはすべての電気電子機器を対象に、附属書Ⅳはカテゴリー８、９のみを対象としています。用途の除外には有効期限が設けられており、カテゴリー１〜７、10、11の製品群は最大５年、カテゴリー８、９の製品群は最大７年とされます。有効期限はケースバイケースで決定され、見直されることもあります。

　適用除外用途の見直しについては、用途除外の追加がREACH規則による環境と健康の保護を弱めることなく以下の条件に合致するならば、材料および部品を特定の用途について附属書ⅢおよびⅣの適用除外に追加すると記載されています。

・材料および部品の設計変更において、附属書Ⅱに収載されている特定有害物質の除去、代替が、科学的または技術的に不可能である。

・代替品の信頼性が確実ではない。

・環境や健康および消費者安全面において、代替品を使用することで発生する総合的な負の影響が便益よりも上回りそうである。

　また、新たな適用除外用途の許可や適用除外用途における期限延長の見直し（適用除外期限の18カ月前までに申請）、適用除外用途の廃止に関する申請は附属書Ⅴの様式により、欧州委員会に対して行うことができます。欧州委員会は申請を受理すると同時期の検討事項を１つのPackにまとめて外部コンサルタントに除外の妥当性について検討を委託します。検討結果を受けて修正案を作成し公開意見募集を経て所定の手続きにより改正が決定します。

EU：RoHS指令

序章

第1章

第2章

第3章

第4章

第5章

第6章

第7章

２．附属書IIIの見直し

　附属書IIIの最初の有効期限はRoHS（II）施行日の５年後の2016年７月21日でした。附属書IIIの使用条件について、製造者等からの延長申請が100件以上出され、Pack7とPack9（29種の適用除外用途の見直し）として検討がされました。2020年３月から鉛とカドミウムの用途除外延長公告10件（16用途）が発効しています。附属書IIIの６(a)、6(b)、6(c)、7(a)、7(c)-Iに関する適用除外申請に関しては引き続き検討されています。附属書IIIはカテゴリー８、９の一部と対象外の11を除いて2021年７月21日にすべて白紙になる予定ですが、延長申請の検討が行われている間は検討中の用途除外は引き続き有効となります。

３．適合の推定

　第16条２項において、第４条の要求事項への適合を証明する試験および測定が実施されているか、または整合規格に従って評価されている材料、構成部品および電気電子機器は本指令の要求に適合していると推定されるとされています。川下企業にとって、適合性の確認をサプライヤーに依存することになるため、サプライチェーンにおける効率的かつ信頼性の高い情報伝達の仕組みが必要です。

４．測定方法

　含有の可能性は、国際規格であるIEC62321に基づいて測定します。基本は蛍光X線分析（XRF）でスクリーニング分析を行い、白黒つけがたい場合は、ICPやGC-MS分析を行う仕組みになっています。2019年から特定フタル酸エステル類の分析が必要となりますが、XRFでは測定できません。2017年３月28日にIEC62321-8としてフタル酸エステル類の分析方法が発行されました。対象物質は、RoHS指令の特定有害物質として、官報で告示された"DEHP""BBP""DBP""DIBP"以外に、"DNOP""DNIP""DIDP"があることに注意が必要です。

　分析方法は、試料をソックスレー抽出し、GC-MSで定量するものです。簡便法として、ソックスレー抽出に替えてフーリエ変換赤外分光法（FT-IR）、紫外線検出器付き高速液体クロマトグラフィー（HPLC-UV）および熱脱離質量分析法（TD-MS）がIEC62321-3-4 ED1として検討されています。

📖 参考情報

* １　https://eur-lex.europa.eu/LexUriServ/LexUriServ.do?uri=OJ:L:2011:174:0088:01 10:EN:PDF

Q 研究機関向けに生産している機器は、RoHS指令の適用除外と考えて
よいでしょうか。

A 企業内で限定的利用の研究開発専用に特別設計された機器は、RoHS
指令の適用外です。FAQ*[1]に解説もあります。

まず除外の理由として、この種の機器が適用範囲に含まれてしまうと、欧州に
おける研究、科学的進歩、開発や技術革新に負担をかける可能性があるためであ
るとしています。「研究開発」（R＆D）は科学技術の進歩に直接貢献する活動であ
り、これらの目的を達成するためだけに設計され、企業間取引のみで利用される
電気電子機器は、その基準を満たしており、適用対象から除外されています。

さらにこの除外は、特定の研究開発の用途のためにカスタム化された特殊な電
気電子機器のみに適用されます。研究開発の用途および商用利用または他の用途
にも適用できる監視装置または化学分析用機器およびその他の実験機器などの標
準機器は、この除外の適用を受けることはできません。

すなわち、研究開発に関連して適用除外とされるのは、科学研究や試作品開発
に携わる特定の顧客や少数の顧客のための特別仕様品である必要があります。

適用除外の具体的な例としては以下が記載されています。

・試作品あるいはサンプルテスト用途のような未完成品である電気電子機器
・単に法令遵守、製品性能、顧客満足度測定に対する評価を含む開発、テスト、
検証や未完成品の評価のために使われている企業内で特注した開発手段（ビー
クル）

以上より貴社の機器が、特定の顧客による研究開発を目的として特別に製作さ
れたものであり、企業内のみで使用されるものであれば、RoHS指令の適用除外と
判断できますが、研究開発だけではなく広く商用、また他の用途にも適用できる
標準的な実験用設備や装置であった場合は、RoHS指令の適用除外製品には該当し
ないと考えられます。

📖 参考情報

* 1   http://ec.europa.eu/environment/waste/rohs_eee/pdf/faq.pdf

フタル酸エステル類の移行問題について

　カテゴリー8、9以外の電気電子機器において2019年7月22日から
DEHP、BBP、DBPおよびDIBPのフタル酸エステル類が特定有害物質とし
て使用が制限されています。例えば、DEHPはポリ塩化ビニル（PVC：通称塩
ビ）の可塑剤として使用されています。塩ビは可塑剤により柔らかくすること
ができるので、電線、文具、フィルムや壁紙などの身近なところで多用され
ています。ビニールシートや消しゴムなどを机上に放置しておくと、接触面
が離れなくなった経験があると思います。接触面にフタル酸エステル類が移
行したからです。このように、可塑剤は移行性が高いとして、顧客から次の
ような対応が求められる例が増えています。

　　1）倉庫に塩ビ関連部品と非塩ビ部品を格納している場合の移行量の推定
　　2）塩ビシートの上で組み立て作業をしている場合の移行量の推定
　　3）塩ビの工具に触った作業者が、手で製品に触った場合の移行量の推定
　　4）塩ビ関連部品を長年扱ってきている場合の床や壁の浄化

　しかし、移行量には、時間、温度や接触面積などが大きく影響します。ま
た、空間距離があれば移行は無視できると思えます。

　通常の状況では移行することのリスクは十分に低いと思えますが、定量的
データがないので、顧客への回答ができず困惑している事例もあります。

　米国のCPSIAでは、特定フタル酸エステル類が許容濃度を超えて含有する
可能性が少ない物質には分析試験の実施を除外するなどの規制緩和の動きが
あります。具体的には、連邦規則集タイトル16（商慣行）§1252.3（加工木質
材料（Engineered wood）に関する決定）で未処理・未使用の木材を原料と
する加工木材に関して、§1253（未染色人造繊維に関するASTM F963要素と
フタル酸エステル類に関する決定）で未染色のポリエステルやナイロン等に関し
て、§1308.2（特定プラスチックの決定）でポリプロピレンやポリエチレン等
の特定プラスチックには、試験をすることなく特定フタル酸エステル類が許
容濃度を超えて含有する可能性がないとみなすことが規定されています。

序論

第1章

第2章

第3章

第4章

第5章

第6章

第7章

電気電子製品の含有化学物質規制について

中国：RoHS管理規則

「2016年1月6日付電器電子製品有害物質使用制限管理弁法（令32号）」（电器电子产品有害物质限制使用管理办法）

　2016年1月6日付改正版中国RoHS（令32号）管理規則が同年7月1日に施行されました。中国内で生産、販売、輸入する電器電子製品に適用されます。ただし、輸出製品は適用範囲外とされます。なお、この施行と同時に、2006年2月28日に公布されたそれまでの中国RoHS管理規則は廃止となりました。*1

　改正版中国RoHS（令32号）は、一般に中国RoHS（Ⅱ）または中国RoHS2と呼ばれています。

 何のための規制？

　「電器電子業界のグリーン生産および資源総合利用を促進し、グリーン消費を奨励」することを目的としています。有害物質を含んだ製品を市場から淘汰することで、中国国内の環境汚染や公害の発生抑制・減少を目指しています。

　対象製品は、電器電子製品のうち定格電圧が直流で1,500ボルト、交流で1,000ボルトを超えない設備および付属品です。ただし、電気エネルギーの生産、伝送と分配の設備は適用外となります。具体的な製品は、参考資料として使用するリスト中に、次のように例示されています。

　1）通信設備（通信端末設備等）

　2）ラジオ・テレビ設備

　3）コンピュータやその他のOA機器

　4）家庭用電器電子設備

　5）電子式計器（電気工学電子測定器、電気分析機器等）

　6）産業用電器電子設備（加工・生産・検査測定用電器電子設備等）

　7）電動工具

中国：RoHS管理規則

序章
第1章
第2章
第3章
第4章
第5章
第6章
第7章

電気電子製品の含有化学物質規制について

8）医療用電子設備や機械

9）照明製品（白熱灯、蛍光灯、LEDランプ等）

10）文化・教育・工芸・美術、体育、娯楽用の電子製品（電子楽器等）

電器電子製品の範囲は、おおむねEU RoHS指令と一致しておりますが、EU RoHS指令の第10製品群（自動販売機）は記述されていません。

また、第1段階では対象製品となっても、EU RoHS指令が要求する特定有害物質を非含有とする義務はなく、SJ/T11364-2014（電子電器製品有害物質使用制限標識要求）による表示義務のみとなっています。

 # 対象となる物質は？

有害物質の扱いとなる次の物質が対象となります。

1）鉛・その化合物

2）水銀・その化合物

3）カドミウム・その化合物

4）六価クロム化合物

5）ポリ臭化ビフェニル（PBB）

6）ポリ臭化ジフェニルエーテル（PBDE）

7）国家が指定するその他有害物質

 # 何をしなくてはいけないの？

1．含有表示

中国RoHS管理規則第13条で「電器電子製品の生産者および輸入者は、電器電子製品有害物質制限使用標識に関する国家標準あるいは業界標準に基づき、市場に提供する電器電子製品に含まれた有害物質について表示しなければならず、有害物質の名称およびその含有量、該当有害物質に関わる部品および該当製品の回収利用の可否、不適切な利用あるいは処置した場合の環境・人体健康への影響などを表示しなければならない。」としています。標識に関する業界標準はSJ/T11364-2014です。製品中の有害物質含有量が最大許容濃度以下であればグリーンマークを貼付し、有害化学物質を最大許容濃度を超えて含有している場合には中

央に環境保全使用期限を入れたオレンジマークを貼付する義務があります。

2．環境保全使用期限

中国RoHS管理規則第14条で「電器電子製品の生産者および輸入者は、電器電子製品有害物質制限使用標識に関する国家標準あるいは業界標準に基づき、生産あるいは輸入した電器電子製品に環境保全使用期限を表示しなければならない。」としています。また、第15条で「電器電子製品の環境保全使用期限は、電器電子製品の生産者あるいは輸入者によって独自に設定される。体積、形状、表面材質あるいは機能上の制約で製品上に表示できないときは、製品の説明書の中に明示しなければならない。」としています。

環境保全使用期限の設定はSJ/Z11388-2009「電子情報製品環境保全使用期限通則」に定められていますが、通則はガイダンスであり、通則に例示してある一般的な製品はその年数を適用することができますが、あくまでも責任は企業側にあります。通則に例示がない場合には業界基準によるか、自ら決める必要があります。

3．含有制限製品

2019年11月１日施行の中国RoHS管理規則では、有害物質使用制限目録に掲載された電器電子製品には特定有害物質の非含有を義務化しています。これを第２段階規制といいます。

除外項目も告示されていますが、EU RoHS指令とほぼ同一です。

対象製品は非含有を証明する適合性評価を行い、「グリーン商品識別管理規則」(緑色产品标识使用管理办法)[2]によるマーキングが要求されます。適合性評価の方法として「国家推進自発的認証」または「自己申告方法」を選択します。この認証手続きの手順と認証済適合製品は公共サービスプラットフォームに掲載されています。

中国：RoHS管理規則

序章
第1章
第2章
第3章
第4章
第5章
第6章
第7章

■ 有害物質使用制限目録に掲載された対象品目

	品目	仕様（部分記述）
1.	冷蔵庫	ボックス型　800L以下
2.	エアコンディショナ	定格冷却能力≤14,000W)
3.	洗濯機	洗濯量10kg以下で乾燥機能を含む
4.	電気温水器	500L以下
5.	プリンター（各種）	印刷領域≤A3、印刷速度≤60枚/分
6.	コピー機	印刷領域≤A3、印刷速度≤60枚/分
7.	ファックス	スキャン機能を含む
8.	テレビ	TVおよびチューナー非内蔵TV表示用モニター
9.	モニター	LCDやCRTを含む
10.	パソコン	デスクトップ、ハンドヘルド、タブレット等
11.	モバイル通信端末・携帯電話	GSM/GPRS、CDMA、LTE等規格
12.	固定電話	IP電話を含む

　「国家推進自発的認証」は、製品供給者が自主的に関連規格や技術仕様に適合していることを確認し、製品適合性情報を作成して第三者認定機関に提出し、認定を受けるものです。

　「自己申告方法」は供給者が「電器電子製品有害化学物質使用制限の供給者による適合宣言規則」（付属文書2）に従って自ら適合性評価を行い、上市後30日以内に公共サービスプラットフォームに製品の適合性情報を報告するものです。「自己申告方法」の場合は、「グリーン商品識別管理規則」で、「自己宣言および関連する技術文書の真実性、完全性および一貫性について責任を負い、社会のすべての関係者による監督を受け入れることを公約する」ことを宣言することが要求されています。

 これも知っておこう！

1. 表示の義務

　中国RoHS管理規則対象製品が最大許容濃度以下であればグリーンマークを貼付し、有害化学物質が最大許容濃度を超えて含有している場合には中央に環境保全使用期限を入れたオレンジマークを貼付する義務があります。

また、含有自体の有無についても次のような表示が必要です。マークはSJ/T 11364-2014によります。マークは、参考情報のJETROウェブサイトをご参照ください。＊3

■ 中国RoHS管理規則とJ-Mossでの情報公開

中国RoHS管理規則での情報公開フォーム（有毒有害物質或元素名称及含量表示様式）

部件名称	有毒有害物質或元素					
	鉛 (Pb)	水銀 (Hg)	カドミウム (Cd)	六価クロム (Cr$_{6+}$)	ポリ臭化 ビフェニル (PBB)	ポリ臭化 ジフェニルエーテル (PBDE)

J-Mossでの情報公開例

大枠分類	化学物質記号					
	Pb	Hg	Cd	Cr (VI)	PBB	PBDE
実装基板	○	○	○	○	○	○
キャビネット	○	○	○	○	○	○
ブラウン管	除外項目	○	○	○	○	○
スピーカ	○	○	○	○	○	○

注1 "○"は算出対象物質の含有率が含有率基準値以下であることを示す。
注2 "除外項目"は、特定の化学物質が含有マークの除外項目に該当していることを示す。

2．自発的認証制度

2010年8月25日に自発的認証実施規則が告示されました。同時に、自発的認証の対象となる製品リストも次の内容で告示されました。

1）最終製品　6品目　コンピュータ、プリンター、テレビ、電話機など
2）組立品　　29品目　マウス、キーボードなど
3）部品　　　83品目　コンデンサー、抵抗など
4）材料　　　39品目　銅板、絶縁板など

自発認証制度である国家推奨汚染制御認証では、認証機構から管理基準の適合性の確認を受け、認証を得ると通称RoHSマークが貼付できます。

一方で前述の有害物質使用制限目録に掲載されている製品を上市するためには、所定の手順を踏み第三者による非含有の認証または自己適合宣言をする必要があります。「グリーン商品識別管理規則」の基準に適合することを確認して製品に「合格評価ラベル」を標示し、適合宣言品目を公開する公共サービスプラットフ

中国：RoHS管理規則

序章

第1章

第2章

第3章

第4章

第5章

第6章

第7章

電気電子製品の含有化学物質規制について

オームに登録をすることが要求されています。

📖 参考情報

* 1　http://www.miit.gov.cn/n1146285/n1146352/n3054355/n3057542/n3057545/ c4633122/content.html

* 2　http://gkml.samr.gov.cn/nsjg/rzjgs/201905/t20190507_293448.html

* 3　https://www.jetro.go.jp/ext_images/jfile/report/05001394/05001394_004_ BUP_0.pdf

Q 中国RoHS管理規則に関連して、梱包材の材料表示におけるマークや材料コードはどこで確認できますか?

A 中国RoHSの第12条では、「無害で生分解しやすく、かつ回収利用が便利な材料を使用し、包装物使用に関する国家標準あるいは業界標準を遵守しなければならない。」とあります。

GB/T18455-2010(包装材回収表示)の中に材料表示マークについての記載があります。マークは紙、プラスチック、アルミ、鉄に分かれ、それぞれ所定のマークが定められています。

プラスチックについてはマークにプラスチックごとの番号と略語を併記して、表示します。

代表的なプラスチックの番号と略語は以下のようになります。

■ プラスチックの材料表示マークに使用される番号と略語

プラスチック名称	ポリグリコールテレフタレート	高密度ポリエチレン	ポリ塩化ビニール	低密度ポリエチレン	ポリプロピレン	ポリスチロール
番号	01	02	03	04	05	06
略語	PET	PE-HD	PVC	PE-LD	PP	PS

生分解可能プラスチックは、番号を"00"として、GB/T1844.1(プラスチック記号と略号・第1部:基本ポリマーとその特性)による略語を入れます。

上記以外のプラスチックについてはGB/T16288-2008をご参照ください。

序章

第1章

第2章

第3章

第4章

第5章

第6章

第7章

Q 　中国RoHS管理規則の公共サービスプラットフォームについて教えてください。

A 　2019年11月1日から中国RoHS管理規則により特定製品について有害物質非含有が義務化され、これに伴い適合宣言の手順と適合性評価情報の管理および適合宣言品目を公開する公共サービスプラットフォームが運用されています。

特定製品とは物質使用制限目録に掲載されている電器電子製品およびその付属製品で、供給者は製品に有害物質が非含有であることの適合性評価のために「国家推進自発的認証」または「自己申告方法」を選択します。

「国家推進自発的認証」を選択した場合には、供給者が委託した検証・検査測定機関により、関連標準に基づき宣言を行う製品中の有害物質に対して検査測定を実施し、製品の検査測定報告を作成して第三者認定機関に提出します。第三者認定機関は、「認証機関の管理措置」の基本要件を満たし、GB／T 27065「適合性評価製品、プロセス、およびサービスの認証機関の要件」、RB／T 242「グリーン製品認証機関の要件」の関連要件を満たし、電器および電子製品における有害物質の使用制限のための認証活動に関連する検査および試験の技術的能力を持っていることが必要です。

第三者認定機関は、関連製品が認証証明書を取得してから5営業日以内に、認証結果情報を公共サービスプラットフォームに提出しなければなりません。

「自己申告方法」を選択した場合には、すべての組立品、コンポーネントおよび部品、原材料の有害物質に対する判定により供給者が適合性情報を作成して、製品が市場に出されてから30日以内に、公共サービスプラットフォームへ提出を完了する必要があります。

適合性情報には、製品が有害物質の規制を満たすことの規定および関連技術の支援書類が含まれており、少なくとも以下が含まれていなければなりません。

（1）供給者の名称と連絡先

（2）電器電子機器名称、仕様、技術文書番号、技術文書分類

（3）宣言内容および関連する宣言資料の真正性、完全性および適合性についてのコミットメント

（4）許可者署名、企業印鑑などを含む追加情報

米国カリフォルニア州：RoHS法

「2003年電子機器廃棄物リサイクル法」(Electronic Waste Recycling Act of 2003)

　　米国では連邦レベルでEU RoHS法のような法律は制定されておらず、州レベルで先行して法整備が進んでいます。カリフォルニア州では「2003年電子機器廃棄物リサイクル法」（カリフォルニアRoHS法）[*1]が、2007年1月1日に施行されました。

 ## 何のための規制？

　　カリフォルニアRoHS法は対角線で4インチ以上のスクリーンを含んだビデオディスプレイ機器、と定義される電子機器のみに適用されます。最大許容濃度はEU RoHS指令と同じで含有規制対象となる化学物質類が基準以上含有する場合は、販売が禁止されます。適用される電子機器類は次の9つの製品群です。

- Cathode Ray Tube containing devices（CRT devices）［ブラウン管機器］
- Cathode Ray Tubes（CRTs）［ブラウン管］
- Computer monitors containing cathode ray tubes［ブラウン管付きコンピュータモニター］
- Laptop computers with liquid crystal display（LCD）［液晶ディスプレイ表示付ラップトップコンピュータ］
- LCD containing desktop［デスクトップ液晶ディスプレイ］
- Televisions containing cathode ray tubes［ブラウン管テレビジョン］
- Televisions containing liquid crystal display（LCD）screens［液晶ディスプレイスクリーンテレビジョン］
- Plasma televisions［プラズマテレビジョン］
- Portable DVD Player with liquid crystal display［液晶ディスプレイ付ポータブルDVDプレイヤー］

米国カリフォルニア州：RoHS法

序章
第1章
第2章
第3章
第4章
第5章
第6章
第7章

電気電子製品の含有化学物質規制について

 対象となる物質は？

　含有規制対象となる化学物質は、鉛、水銀、カドミウム、六価クロムの4つで、プラスチック難燃剤のPBBとPBDEは他の法令で制限されています。最大許容濃度はEU RoHS指令の場合と同様、均質材料当たりカドミウムが0.01重量％、その他は0.1重量％です。

 何をしなくてはいけないの？

　カリフォルニアRoHS法では、適用対象装置（9つのカテゴリー製品）の生産者に対して、制限されている物質の使用情報を含んだ報告書をCIWMB（廃棄物投棄所）に提出することを要求しています。この報告書は毎年7月1日までに前年に販売された規制対象製品に関して記載することが要求されており、生産者は、法規制適用装置中の合金やコンポーネントを含めた水銀、鉛、カドミウム、六価クロムの重金属類およびPBB類の見積平均重量をミリグラム単位で報告するように要求されています。

 これも知っておこう！

　米国における材料宣言を行う際は、IPC-1752が情報伝達の標準フォーマットが多く使われています。日本のchemSHERPAは、この米国IPC-1752と相互の情報交換ができる仕様で開発されています。

📖 参考情報

＊1　https://www.boe.ca.gov/pdf/pub13.pdf

Q 米国でプリンターや複合機に鉛、六価クロムの含有を禁止する連邦法・州法はありますか。

A 現在、プリンター、複合機中の鉛、六価クロムを禁止する米国連邦法は確認できていません。

州法では、例えばカリフォルニア州の「Electronic Waste Recycling Act」（カリフォルニアRoHS法）で電子機器中の鉛、六価クロム、水銀、カドミウムの4物質の使用を制限しています。ただし、EU RoHS指令とは異なり、対象は4インチ以上の特定のディスプレイ装置であり、プリンターは適用範囲外となっています。

また、対象外の製品は、最大許容濃度を超えていても、州内での販売は禁止されていません。

ニューヨーク州では、「環境保全法（ENVIROMENTAL CONSERVATION LAW）」[1]により、メーカーは州内で販売される電子機器が、EU RoHS指令と同等の最大許容濃度以上の鉛、六価クロム、水銀、カドミウム、PBB類、PBDE類を含有しているかどうかを当局に開示する必要があり、プリンターも対象となっています。

また、登録されていないメーカーの製品は州内で販売することができません。

一方、ミネソタ州は、「電気製品リサイクル法（Electronics Recycling Act）」[2]により、EU RoHS指令で定められた最大許容濃度以上の6物質の含有を当局に開示することが求められていますが、対象はディスプレイ装置となっており、プリンターは含まれません。

このように米国では州によって対象となる製品群や、義務要件（開示、販売禁止等）が異なり、場合によってはEU RoHS指令より緩やかな規制があります。全米対応では、各州法よりも厳しい傾向のあるEU RoHS指令と同様の対応を図るか、あるいは販売先の州ごとに詳細を確認することが必要であると考えます。

📖 参考情報

[1] http://www.dec.ny.gov/docs/materials_minerals_pdf/ewastelaw2.pdf

[2] https://www.revisor.mn.gov/statutes/?id=115A&view=chapter#stat.115A.13

米国カリフォルニア州：RoHS法

序章

第1章

第2章

第3章

第4章

第5章

第6章

第7章

Q 米国電気電子業界で使われている、製品含有情報の伝達ツール「IPC-1752」について教えてください。

A 「IPC」は、米国に本部があるプリント基板を中心とした電子機器の業界団体であり、その事業として、同業界に関連する規格の開発を行っています。

「IPC-1752」（材料宣言管理基準）は、サプライチェーンにおける情報伝達の報告フォームのXMLスキーマを定めたIPC-175xシリーズ[*1]の1つです。EUのRoHS指令やELV指令、REACH規則などへの対応で必要となる材料宣言（Material Declaration）で利用する情報伝達の構造を定めており、主に米国を中心とした半導体業界で幅広く利用されています。

「IPC-1752」は、現在、第3版（IPC-1752A）が提供されており、IPCのウェブサイトから無料でダウンロードできます。ただし、「IPC-1752」第1版では、XMLスキーマとそのスキーマに準拠したPDFツール（1752-1、1752-2）の両者が提供され、PDFツールのユーザガイド（1752-3）なども提供されていたのに対し、2010年4月に公表された第2版（IPC-1752A）からは、新規法規制への対応やPDFツールの限界などの理由から、XMLスキーマのみの提供に変更されました。つまり、現状の「IPC-1752A」は、あくまで、サプライチェーンで製品含有化学物質の情報伝達を行う際のデータ構造や要件を定めたものであり、同規格が日本のchemSHERPA AIのような情報伝達ツールを提供しているわけではありません。そのため、「IPC-1752A」に準拠した情報伝達ツールについては、同ツールの提供元（システムベンダーや得意先、業界団体等）が用意したガイド等を確認する必要があります。

ちなみに、chemSHERPAは、この米国IPC-1752と相互の情報交換ができる仕様で開発されています。

📖 参考情報

* 1 　http://www.ipc.org/ContentPage.aspx?pageid=Materials-Declaration

133

韓国：RoHS法

「電気・電子製品及び自動車の資源循環に関する法律」

韓国RoHS法*¹は、2007年4月27日に公布されました。EU RoHS指令（2002/95/EC）だけでなく、ELV指令やWEEE指令を含む、幅広い内容となっています。

何度かの変更を経て、2020年5月に改正、施行されています。また、2020年7月に本法の細則を規定した施行令の改正案を再立法予告し、2021年1月1日施行を予定しています。改正内容は、対象となる電気電子製品の追加と規制対象有害物質にフタル酸エステル類4種を追加することです。経過措置として2020年12月31日までに製造または輸入された製品には適用されません。本稿では追加項目を括弧書きで追記しました。

 何のための規制？

韓国RoHS法は電気電子製品と自動車の有害物質使用制限や、廃電気電子製品と廃自動車のリサイクルシステムの構築を主な目的としています。

対象製品は以下の2つです。

1）電気電子製品（49製品）

テレビ・冷蔵庫・洗濯機・エアコン・パソコン・プリンター・コピー機・ファクシミリ・電気浄水器・電気オーブン・電子レンジ・生ゴミ処理機・食器乾燥機・電気ビデ・電気清浄機・電気ヒーター・オーディオ・電気炊飯器・軟水器・加湿器・電気アイロン・ファン・ミキサー・クリーナー・ビデオプレーヤーとDVD・携帯電話端末（自動販売機・ナビゲーション・有／無線ルータ・ランニングマシン・スキャナ・食品乾燥機・湯沸かし器・電気フライパン・映像ゲーム機・電気温水器・電気ポット・足浴器・ミシン・製パン機・除湿機・コーヒーメーカー・脱水機・トースター・フライヤー・ヘアドライヤー・ビームプロジェクター・電気マッサージ器・監視カメラ）

韓国：RoHS法

序章
第1章
第2章
第3章
第4章
第5章
第6章
第7章

電気電子製品の含有化学物質規制について

2）自動車

乗用自動車・乗車定員が９名以下の乗合自動車・軽型と小型貨物自動車

適用除外用途については、同施行令の「別表２」に明記されています。

施行令別表２に関しては2019年７月２日が最終改正となっています。

これまでの複数回の改正によって、電気電子製品における医療機器向けのパソコン・プリンター・冷蔵庫、自動車における部品中の鉛、ヘッドライトや表示装置で利用されるランプ・蛍光灯中の水銀等で一部改正が行われています。詳細は、現時点の施行令別表２をご確認ください。

 ## 対象となる物質は？

特定有害物質と最大許容濃度はEU RoHS指令やELV指令と同じです。つまり、電気電子製品向けは鉛・水銀・六価クロム・PBB・PBDE・カドミウムの６種類（2021年１月１日からはフタル酸エステル類４種が追加される。）、自動車向けは鉛・水銀・六価クロム・カドミウムの４種類、最大許容濃度はカドミウムが0.01重量％未満、それ以外が0.1重量％未満です。

 ## 何をしなくてはいけないの？

次の各項目を実施するなど「リサイクルを促進するために積極的に努力」することが求められています。

- ・　リサイクル技術の開発
- ・　材質・構造をリサイクルがしやすいように改善
- ・　有害物質の使用抑制
- ・　リサイクルが容易な製品の製造および輸入
- ・　原材料や製品などが廃棄物になることを抑制して、廃棄物となる場合には、可能な限り回収してリサイクル
- ・　製造・輸入業者による製品の廃棄物をリサイクルするための回収システムの構築

製造・輸入業者は、特定有害物質の含有制限と年次別に定められるリサイクル可能率の遵守状況を、環境部で構築される「運営管理情報体系」に公表するか、

もしくは自らが運営するウェブサイトに掲載して運営管理情報体系の運営機関長に通知しなければなりません。

　また、製品のリサイクルを容易にするための材質・構造などに関する指針の遵守および環境長官が定める製品別の年間のリサイクル義務率が定められています。

　リサイクル義務の履行にあたっては、リサイクル業者やリサイクル事業共済組合などを設立することになります。

　リサイクル事業者から、リサイクルに必要な情報提供の要求があった場合は、企業秘密を侵害しない範囲で情報を提供しなければなりません。

参考情報

* 1 　http://www.law.go.kr/%EB%B2%95%EB%A0%B9/%EC%A0%84%EA%B8%B0
%C2%B7%EC%A0%84%EC%9E%90%EC%A0%9C%ED%92%88%EB%B0%8F%
EC%9E%90%EB%8F%99%EC%B0%A8%EC%9D%98%EC%9E%90%EC%9B%9
0%EC%88%9C%ED%99%98%EC%97%90%EA%B4%80%ED%95%9C%EB%B2%
95%EB%A5%A0/

韓国：RoHS法

序章
第1章
第2章
第3章
第4章
第5章
第6章
第7章

Q 韓国RoHS法における、自動車向けの規制を教えてください。

A 　自動車に含まれる部品で特定有害物質の含有が規制されるのは、「自動車管理法」の大統領令で定められた次の自動車であり、コンポーネントとその部品を含みます。
　1）乗用自動車
　2）乗車定員が9名以下の乗合自動車
　3）軽型と小型貨物自動車

　含有制限される特定有害物質の種類と基準（最大許容濃度）はELV指令と同じで、カドミウムが均質材料当たり0.01重量％未満で、鉛、水銀、六価クロムの3物質は均質材料当たり0.1重量％未満となっています。電気電子製品向けでは特定有害物質として規制されるPBB、PBDEは対象から外れています。

　合金成分としての鉄、アルミへの鉛の一定量の含有や電子部品と回路のはんだ、ガラスセラミック化合物内の鉛を含有した電気部品等の用途除外が認められています。また、研究・開発および輸出を目的とする場合は、有害物質含有制限は適用されません。

　自動車の製造・輸入業者は電気電子部品の場合と同様に、特定有害物質の含有制限と年次別に定められるリサイクル義務率の遵守状況を、環境部で構築される「運営管理情報体系」に公表するかもしくは自らが運営するウェブサイトに掲載して運営管理情報体系の運営機関長に通知しなければなりません。

　また、自動車リサイクル業者、解体リサイクル事業者等と連携してリサイクル率を守る義務があります。リサイクル事業者から、リサイクルに必要な情報提供の要求があった場合は、企業秘密を侵害しない範囲で情報を提供しなければなりません。

タイ：RoHS法

タイ工業規格 TIS2368-2551「危険物質を含有する可能性のある電気電子･機器：特定の有害物質の使用制限（MorOorKor 2368-2008号）」

タイの工業製品規格である、いわゆるタイRoHS法[*1]は、2009年2月2日に発効されました。内容はEU RoHS指令（2002/95/EC）とほぼ同様ですが、強制適用ではなく任意適用とされています。

 何のための規制？

タイRoHS法では、廃電気電子機器の環境面での適切な回収および処分を含む、人の健康および環境の保護に貢献することを目的として、電気電子機器における有害物質の使用制限に関する規則を定めています。

電気電子機器の定義では、附属書B（電気電子機器のカテゴリー）で、次の10製品群となっています。

　1）大型家電製品：大型冷却機器、冷蔵庫、冷凍庫など

　2）小型家電製品：カーペット掃除機、アイロン、時計、はかりなど

　3）情報技術および遠距離通信機器：パソコン、電話など

　4）消費者向け製品：ラジオ、テレビ、オーディオ、アンプなど

　5）照明機器（家庭用照明器具は除く）：蛍光灯、ナトリウムランプ、高強度放電ランプなど

　6）電動工具（大型据付産業用工具は除く）：電気ドリル、ミシンなど

　7）玩具、レジャー・スポーツ機器：ビデオゲームなど

　8）医療用機器（感染された製品を除く）：心電図測定器、分析機器など

　9）監視および制御機器：煙探知機、産業用監視制御装置など

　10）自動販売機：飲料自動販売機、現金自動支払機など

適用範囲は、10製品群のうち、カテゴリー1～7および10の電気電子機器ならびに家庭用電球および照明器具です。この工業規格の発効前から存在する電気電

タイ：RoHS法

序章

第1章

第2章

第3章

第4章

第5章

第6章

第7章

電気電子製品の含有化学物質規制について

子機器の修理またはリユースのためのスペアパーツには適用されません。

 ## 対象となる物質は？

　新品の電気電子機器には、改正前のEU RoHS指令と同じ鉛、水銀、カドミウム、六価クロム、PBBおよびPBDEを含有させてはならないとしています。

　最大許容濃度は、EU RoHS指令と同じでカドミウム0.01重量％、その他は0.1重量％で、測定方法はタイ工業規格MorOorKor.2388に定められた方法（IEC62321に準拠）としています。除外はEU RoHS指令の2006年10月14日までの修正（追加）の29項目と同じで、ポリマーに使用するDecaBDEは9aとして収載されています。

 ## 何をしなくてはいけないの？

　強制適用ではなく任意適用ですが、電気電子機器の製造者は、連絡先、事業情報、法令遵守のための業務システム、品質システムの概略などの内容を含んだ書類のリストを表示する必要があります。

　さらに、規格適合証明のため、様式A（プロセスベースの技術文書：規格に適合していることを示す、社内システムの一般的な情報）、様式B（製品／部品ベースの技術文書：規定に適合していることを示す、製品／部品の物理的な成分に関する一般的な情報）の片方または両方を表示することも求められています。

　この内容は、EUの"RoHS Enforcement Guidance Document May 2006"と同じで、様式AでCAS（Compliance Assurance System）を要求しています。

　製造者は規格への適合を示すすべての書類を保管し、少なくとも4年ごとの頻度で評価検査機関の検査を受けなければなりません。

　参考情報

＊1　http://irrigation.rid.go.th/rid5/download/CDNum1-2552%20(E)/fulltext/TIS2368-2551.pdf

Q タイRoHS法での規格適合証明について教えてください。

A 　タイRoHS法での規格適合表示関連の規則は、附属書Cに記載されています。

　規格適合を証明するために、様式A、様式B（片方または両方）の書類を表示することが求められています。様式Bのみを選択した場合は業務手順に従ったことを示す信頼性ある書類を示し、材料宣言書の評価が行われ、その書類の信頼性の調査が行われたことを証明しなければなりません。

　1）様式A（プロセスベースの技術文書：規格に適合していることを示す、社内システムの一般的な情報）

　　・規格適合保証システム（Compliance Assurance System：CAS）

　　・CAS導入を示す証明書

　CASはEUの"RoHS Enforcement Guidance Document"を基本としていると思われます。このガイダンスではCASの構成を次のように説明しています。

　　・　企業内/サプライヤーの双方を含むCASの目的の定義、構成要素の仕様書を含める

　　・　運用している品質マネジメントシステムと統合する

　　・　工程管理と統合する

　　・　技術書類システム（設計のアウトプット、仕様書など）に関する事項

　　・　品質計画書（ISO9001）に関する事項

　　・　要員の能力に関する事項

　　・　設備に関する事項

　　・　インフラに関する事項

　2）様式B（製品／部品ベースの技術文書：規定に適合していることを示す、製品／部品の物理的な成分に関する一般的な情報）

　　・許容量を超える危険物質の不使用証明書または保証書

　　・すべての部品の材料宣言書（material declaration）

　　・部品の均質材料の分析報告書

序章

第1章

第2章

第3章

第4章

第5章

第6章

第7章

電気電子製品の含有化学物質規制について

Q タイRoHS法は強制適用ではなく、任意適用と聞いたのですが本当でしょうか。

A タイRoHS法は、2009年2月2日付け官報により、タイ工業規格TIS2368-2551「危険物質を含有する可能性のある電気電子機器．特定の有害物質の使用制限（MorOorKor 2368-2008号）」として、工業省通達の形で公表されました。

EU RoHS指令をはじめとして、中国やインドのRoHS法は強制適用ですが、タイRoHS法は、強制力のない任意適用である点が、他国のRoHS法と大きく異なる点となっています。

任意適用であるタイRoHS法に従うメリットとしては、附属書C「規格適合の表示（推奨）」に規定されているように、様式AやBを用いた規格適合の証明書や技術資料を提出し、認証されることで、製品メーカーは自社製品に「規格適合」のマークを表示することができます。これにより、タイ国内市場で優位に販売できることが期待されるという点です。

この附属書Cでは規格適合の表示だけでなく、材料に関する宣言書にも触れられています。しかしながら、提出書類に関する具体的な様式や検査機関などは明示されておらず、実施にあたっては、当局へ確認を行うことをお勧めします。

ちなみに、タイ産業界は自国産業保護の観点から、外国製（中国製やベトナム製など）の安価な製品を市場から締め出すべく、タイRoHS法を強制規格にするための政府への働きかけを行っているようです。

インド：RoHS法

「the E-Waste（Management）Rules, 2016」

インドRoHS法とされる、e-waste法は2011年に公布、その改正版[*1]が2016年に公布・施行されました。

 何のための規制？

インドRoHS法は、国内での廃電気電子機器の増加、リサイクルの重要性の増大、電気電子機器への有害物質の含有、不適切な処理の横行を背景として、環境上適正な管理が必要であるとして、制定されました。

電気電子製品およびその作動に必要な部品、消耗品類が規制対象となりますが、EU RoHS指令のような電圧などの基準はありません。具体的な対象製品リストはインドRoHS法の別表1に収載されている電気電子機器（ITおよび通信機器（ITEW）および消費者向け電気電子製品（CEEW））の2分類が対象です。2016年の改正で、蛍光灯とほかの水銀を含むランプが追加されました。

なお、電池や放射性廃棄物は適用外となります。

 対象となる物質は？

特定有害化学物質はEU RoHS指令と同様、6物質が対象となります。最大許容濃度もEU RoHS指令と同様にカドミウムは0.01重量％、その他は0.1重量％となります。また、EU RoHS指令と同様に、有害化学物質を含む成形品（製品）を規制しています。

 何をしなくてはいけないの？

インドRoHS法でいう生産者（producer）とは販売者、小売業者、オンライン販

インド：RoHS法

序章
第1章
第2章
第3章
第4章
第5章
第6章
第7章

電気電子製品の含有化学物質規制について

売者などを指し、「自社ブランドの電気電子機器、コンポーネント、消耗品、部品、スペアの製造、販売者」、「ほかの製造者またはサプライヤーが生産したものを販売する者」「輸入電気電子機器、コンポーネント、消耗品、部品、スペアの販売者」をいいます。

　生産者には、拡大生産者責任（EPR: Extended Producers Responsibility）が詳細に要求されます。主なものは次のとおりです。

　1）連絡先情報の提供：廃電気電子機器の返還を促すため、自社のウェブサイトや製品ユーザー向け文書を通じて、消費者または大口消費者に対して、住所、Eメールアドレス、通話料無料の電話番号またはヘルプラインの電話番号を提供します。

　2）メディア、刊行物、広告、ポスター、またはその他のコミュニケーション手段および機器に添付するユーザー向け文書で次の事項に対する認識を喚起しなくてはなりません。

・住所、Eメールアドレス、通話料無料の電話番号など
・電気電子機器に含有する有害成分に関する情報
・廃電気電子機器の不適切な取扱い、処分、偶然の破損、損傷、または不適切なリサイクルによる危険性に関する情報
・機器使用後の取扱いと処分に関する指示、ならびに推奨事項および禁止事項
・シンボル（Cross-out wheeled bin：ゴミ箱に×マーク）を明確に製品あるいは取扱説明書等に表示すること
・廃電気電子機器をリサイクルするために消費者が利用できる手段および制度（該当する場合は預け金返還制度の詳細）

　3）生産者は、拡大生産者責任を個別に履行するか、共同で履行するかを選択しなくてはなりません。個別に履行する場合、生産者は独自の収集センターを設立するか、テイクバックシステムを構築するか、またはその両方を実施します。

参考情報

＊1　http://www.moef.gov.in/sites/default/files/EWM%20Rules%202016%20english%2023.03.2016.pdf

Q インドに電気電子部品などの成形品を輸出する際の製品含有化学物質規制は、いわゆる「インドRoHS法」のみと認識していますが、正しいでしょうか。

A 現在インドにおいて電気電子製品中の化学物質を規制する法律は、2016年に改訂・施行された「the E-waste（Management), Rules 2016」だけです。

本規則はEU RoHS指令およびWEEE指令両方の内容を盛り込んだ規制です。規制対象の製品への含有が禁止される物質6種と各物質の閾値は改正前のEU RoHS指令と同じです。

本規則の規制対象には最終製品である電気電子機器だけではなくコンポーネント、消耗品、部品、スペアなども含まれますので、成形品の形状や用途によってはこの法律の対象となる可能性もあります。なお、これらの用語の定義は次のようになります。

- コンポーネントとは、製品を構成するまたは製品を分解して得られるサブアセンブリまたはアセンブリの部品の1つを指します。
- 消耗品とは、製造工程において実質的にまたは完全に消費される物品を含みます。
- 部品とは、サブアセンブリまたはアセンブリの構成要素であって、通常単体で使用されることがなく、かつ、メンテナンスのためにそれ以上分解することができないものをいいます。
- スペアとは、同一または類似する部品またはサブアセンブリまたはアセンブリと交換することができる部品またはサブアセンブリまたはアセンブリをいい、コンポーネントまたは付属品を含みます。

現在インドには包括的な化学物質管理法がなく、化学物質規制の主管部署も明確ではありません。しかし、環境保護法（1986年）により、有害化学物質の製造、貯蔵、輸入に関する規則（1986年）が制定されており、GHSラベル表示やSDSが導入されています。将来的には、EU並の規制になると予想されます。

インド：RoHS法

序章
第1章
第2章
第3章
第4章
第5章
第6章
第7章

Q　インドRoHS法の製品メーカー、輸入者に対する要求事項と猶予期間について教えてください。

A　1）インドRoHS法の製品メーカー、輸入者に対する要求事項

製品メーカーおよび輸入者（生産者）には、「拡大生産者責任」の実行、すなわち電気電子製品の廃棄物の回収の仕組みを整備して環境への負荷を生じさせないことが要求されます。実務的には、生産者には、行政当局への回収数量目標や実施計画を添付した申請に対して「拡大生産者責任―認可」が付与されます。したがって、まずは認可を取得する必要があります。電気電子製品の輸入は「拡大生産者責任―認可」を取得した生産者にのみ許可されます。

認可を申請する際には有害物質削減に関する情報提出が求められています。EUのEN IFC 63000：2018に基づく技術文書の提出が義務付けられ、サプライヤー宣言書、材料宣言書／分析報告書などを有害物質削減（RoHS）条項への遵守証明として提示することが要求されています。

また、有害物質削減の条項を遵守していない製品については、生産者が市場からの回収やリコールを行うことが義務付けられています。

2）猶予期間

インドRoHS法（the E-Waste Rules, 2016）では、各種法的措置の猶予期間は設定されていません。ただし、旧法（Rule 2011）では2014年5月1日までを猶予期間としていたため、それ以前に上市された電気電子製品は有害物質削減条項に適合する部品や補修品が入手できない場合に限り、有害物質削減条項からの適用除外が認められています。

ベトナム：RoHS法

「電気電子機器中に含まれる有害化学物質の最大許容濃度に関する通知
（Circular No.30/2011/TT-BCT）」[*1] および「一部修正する決定（Circular No.4693/QD-BCT）」[*2]

ベトナムRoHS法は改正前のEU RoHS指令（2002/95/EC）の内容を踏襲しており、対象製品、特定有害物質や最大許容濃度、適用除外などは同じです。2011年9月23日に発効されました。

 何のための規制？

1．適用範囲

ベトナムRoHS法は、ベトナムで流通する電気電子機器が対象で、EU RoHS指令（2002/95/EC）のカテゴリー8（医療用機器）、9（監視および制御機器）を除く8つのカテゴリーと同一です。HSコード（WTOが決めた商品コード）で特定されています。

電気電子部品、バッテリー、蓄電池やスペアパーツ、展示会用品、お土産品や発効日前に上市された電気電子機器などは対象範囲外です。

2．対象製品（附属書Ⅱに規制対象製品のHSコードの記載があります）

1）大型家庭用電気製品（冷蔵庫、洗濯機、電子レンジなど）

2）小型家庭用電気製品（電気掃除機、トースターなど）

3）ITおよび遠隔通信機器（パソコン、プリンター、コピー機など）

4）民生用機器（ラジオ、テレビ、ビデオカメラなど）

5）照明装置（家庭用以外の蛍光灯など）

6）電動工具（据付型の大型産業用工具を除く）（フライス盤など）

7）玩具、レジャーおよびスポーツ機器（ビデオゲーム機など）

8）自動販売機類（飲料缶販売機、ATMなど）

ベトナム：RoHS法

序章

第1章

第2章

第3章

第4章

第5章

第6章

第7章

 対象となる物質は？

1．対象物質と最大許容濃度

　適用除外対象物質および対象物質の均質材料当たりの最大許容濃度は改正前の EU RoHS指令（2002/95/EC）と同じくカドミウムが0.01重量%、それ以外は0.1重量 %で、測定方法はIEC62321、または同等の試験方法によります。

　監視当局の測定機関はISO/IEC17025の認定機関が指定されます。

2．用途の適用除外項目

　附属書Ⅲ（附属書Ⅰの除外項目）に表示されています。ベトナムRoHS法の適用除 外は、EU RoHS指令（2002/95/EC）の委員会決定（2010/571/EU）による適用除外 項目と同一（適用除外期限を過ぎたものは除かれている）になっています。

 何をしなくてはいけないの？

　2012年12月1日以降、電気電子機器に含有する特定有害物質（6物質）の含有量 について、上市前に（1）企業のウェブサイト、（2）ユーザーズガイド／取扱説明 書、（3）電子媒体（例えばCD）、（4）製品または包装に直接印刷、いずれかの方法 での情報開示が必要となっています。

　　　参考情報

* 1　https://thuvienphapluat.vn/archive/Thong-tu/30-2011-TT-BCT-vb128355t23. aspx

* 2　https://thuvienphapluat.vn/van-ban/Thuong-mai/Thong-tu-30-2011-TT-BCT- Quy-dinh-tam-thoi-gioi-han-ham-luong-cho-phep-hoa-chat-127827.aspx

Q ベトナムRoHS法の有害物質含有表示について、表示言語の指定はありますか。

A EU RoHS指令では、上市する国が要求する言語にて、適合宣言を記述することを求めています。一方、ベトナムRoHS法では表示言語について、「商品の表示に関する政令（No.43/2017/ND-CP)[*1]」（以下、政令）で規定しています。ベトナムRoHS法関連についても表示言語に関して、EU RoHS指令の考え方を踏まえた、政令第1章第9条での次の規定に従った対応が求められます。

第9条　商品表示の言語（試訳）

1. 商品表示に記載しなければならない内容は、第9条4項に規定される場合を除き、ベトナム語で記載しなければならない。

2. ベトナム語以外の外国語でも併記する場合、記載内容はベトナム語で記載される内容と一致しなければならず、ベトナム語で記載される文字のサイズを超えてはならない。

3. 規定内容がベトナム語で記載されていない、または記載内容が不十分な輸入品については、規定の内容をベトナム語で記載した補足表示がなければならず、商品の元表示は残されていなければならない。

4. ラテン語での記載が認められる場合
    a. ベトナム語の名称を持たない人体用医薬品の国際名または学名
    b. 化学式もしくは構造式を含む化学物質の国際名または学名
    c. ベトナム語に翻訳できないまたは翻訳しても意味をもたない商品の構成部分、または成分量の国際名または学名
    d. 商品を生産または生産委託する外国企業の企業名および住所

以上のとおり、ベトナムRoHS法における有害物質含有表示についても、上記政令が適用されると考えられますので、ベトナム語で表示するか、または日本語、英語などとの併記が必要になります。

📖 参考資料

[*1] http://vcci-ip.com/wp-content/uploads/2017/06/Decree-43-2017-NDCP-on-Goods-Labeling.pdf

ベトナム：RoHS法

序章

第1章

第2章

第3章

第4章

第5章

第6章

第7章

Q 　ベトナムRoHS法では規制物質の含有情報の開示が必要とのことですが、どのようにすればよいのでしょうか。

A 　含有情報の開示について、ベトナムRoHS法では、「電気電子機器を製造または輸入する組織および個人は、その電気電子機器が有害物質の含有制限に関する改正文書の規定を遵守していることの情報を開示しなければいけない」とした上で、開示方法に以下のいずれか1つを要求しています。

・製造事業者・輸入者のウェブサイト
・製品に添付されるユーザーズガイド／取扱説明書
・電子媒体（例えばCD）
・製品または包装に直接印刷

　さらに、上記情報開示に加えて（1）特定有害化学物質が許容濃度制限値以下であること、（2）許容濃度制限値に関する資料の作成と保管を要求しています。（1）の有毒有害化学物質、含有許容濃度制限値などはEU RoHS指令（2002/95/EC）の内容を踏襲したものになり、（2）については以下の文書のいずれか1つを要求しています。

・製品がベトナムRoHS法の附属書Iで規定された許容濃度を超えない有毒有害化学物質を含有していることを証明する検査カード
・製品がベトナムRoHS法の附属書Iで規定された許容濃度を超えない有毒有害化学物質を含有していることを証明する管理プロセスあるいはその他の文書

台湾：RoHS法

「商品検査法、CNS15663第5節「含有表示」(102年版) および2015年12月29日付台湾RoHS法の公告（第10430007280号）」

　　台湾RoHS法[*1]は、商品検査法による電気電子製品を対象として、従来の基準に「CNS 15663第5節「含有表示」(102年版)」[*2]が追加されたものです。商品検査法による検査品目追加と検査基準追加が台湾RoHS法に相当します。2017年5月1日に移行期間が終わり完全施行されました。

 何のための規制？

　　台湾RoHS法は台湾国内の電気電子製造業の、EU RoHS指令とWEEE指令への対応を強化し、輸出対応力を高めることを主目的としています。

　　対象製品は、交流1,000ボルト、直流1,500ボルト以下の電気電子製品で、軍事製品の適用除外などが付録Cに収載され、用途の除外は付録Dに収載されています。対象製品等は関連資料とともに経済部標準検験局 (BSMI：The Bureau of Standards, Metrology and Inspection)[*3]で公開されています。

　　2015年7月の公布時は、パソコン、プリンター、コピー機、テレビ、モニター、パソコンモニターの6製品でしたが、2017年7月1日にネットワークメディアプレイヤーおよびプロジェクターなどが追加され、2018年1月1日から制限対象物質含有状況宣言書の提出・表示対象に92品目が追加されています。

　　また、電気毛布などの家庭用品63品目の表示義務が2017年8月23日から追加されました。

 対象となる物質は？

　　EU RoHS指令と同様の6物質が対象となります。最大許容濃度もEU RoHS指令と同様です。

何をしなくてはいけないの？

1．認証宣言

　制限物質含有状況表示宣言（限用物質含有情況標示聲明書：Declaration of the Presence Condition of the Restricted Substances Marking）や表示が要求されます。この宣言はEU RoHS指令の適合宣言書のイメージで、商品検査法第49条（市場監視の商品検査）で当局が疑義を感じた場合などで、関連文書で適合性を説明することが求められています。

2．検査

　商品検査法第3条では、指定輸入農工鉱製品は検査対象とされ、商品検査法第5条でBSMIにより検査がされます。

　商品検査法第6条により、検査基準に満たない製品は製造、輸入ができません。各商品の検査基準、検査方式についても、商品検査法第5条で定めています。

3．使用制限物質の含有状況表示声明

　中国RoHS管理規則に類似した制限物質の含有表示表の作成が要求されます。含有状況を使用制限物質の含有状況表示声明書として作成します。

　検査基準のCNS15663-102年の付録DにEU RoHS指令と同様の用途の除外がありますので、中国RoHS管理規則と違いがあります。

　含有状況の表示は、商品本体、包装、ラベルまたは取扱説明書に記載します。ウェブサイトで含有状況を開示している場合は、URLを商品本体、包装、ラベルまたは取扱説明書に記載しなくてはなりません。

　📖 参考情報

* 1　http://law.moj.gov.tw/LawClass/LawAll.aspx?PCode=J0100001

* 2　http://www.bsmi.gov.tw/wSite/public/Data/f1426479630163.pdf

* 3　http://www.bsmi.gov.tw/wSite/ct?xItem=60393&ctNode=1511&mp=1

序章
第1章
第2章
第3章
第4章
第5章
第6章
第7章

電気電子製品の含有化学物質規制について

Q 台湾RoHS法の対象製品等について教えてください。

A 　台湾RoHS法での対象製品ですが、まず、2015年12月29日付け公告（第10430007280号）[*1] にて、2017年7月1日より、パソコン、プリンタ、コピー機、テレビ、ディスプレイ、PCモニタの6品目が台湾RoHS法の対象製品として指定されました。

　また、2017年1月4日、BSMIは、商品検査法に基づく認証制度として、2017年7月1日から適用される台湾RoHS法の対象製品に92品目を追加する公告（第10530006420号）[*2] をし、同日施行されました。

　追加された92品目は、無線キーボードや無線マウス、スキャナー、現金自動預け払い機（ATM）、無停電電源装置（UPS）、タイプライターなどとなります。92品目表の「貨品分類号列」欄に、C.C.Cコード（最初の6桁がHSコードと同じで、7桁目以下は台湾独自のコード体系）が記載されていますので、C.C.C.コードから英文品目名を調べることができます。税別税率総合査詢作業（GC411）の「方法一：内容査詢」にC.C.C.コード番号（〜11桁）を入力すると英文品名が表示され確認ができます。

　今後、EU RoHS指令と同様の6物質について、含有状況表示の「限用物質含有状況声明書」、適合宣言書である「符号性声明書」および認証マークの「商品検査標識」などの対応が必要になります。なお、既にBSMI認証取得済みの92品目は、2017年12月31日までに、既存のEMC基準などに加えRoHS対応が必要になり、未対応の場合は承認書が失効することになります。

📖 参考情報

* 1　http://www.bsmi.gov.tw/wSite/public/Attachment/f1451441434255.pdf
* 2　http://www.bsmi.gov.tw/wSite/public/Attachment/f1483513037502.pdf

Q 台湾RoHS法における認証登録申請について教えてください。

A 　商品試験登録申請または型式認可申請をする場合は、「使用制限物質の含有状況を表示する位置」「含有表示表」「声明書」等を提出します。認証の有効期限は3年とされています。

　一般的に、電気電子製品はモジュールの組合せによる商品試験登録申請が行われ、型式検査（含むロット検査）は少量生産商品で使われています。

　検査結果により商品検査マークが決まります。

　カドミウムと鉛が制限値を超えている場合は、商品検査マーク上にRoHS（Cd, Pb）のように記述します。

　商品検査マークの申請登録費用については、商品檢驗規費收費辦法に規定[*1]があります。

　また、測定はIEC62321によることや、合理的な管理としてEN IEC 63000：2018やISO9001をベースとしたQC080000（IEC Quality Assessment System for Electronic Components）などの品質管理を要求しています。

📖 参考情報

＊1　https://law.moj.gov.tw/LawClass/LawAll.aspx?pcode=J0100023

序章
第1章
第2章
第3章
第4章
第5章
第6章
第7章

電気電子製品の含有化学物質規制について

シンガポール：RoHS法

「環境保護管理法の第76条による「別表3の有害物質の輸入、輸出、使用および管理」のための、別表2 (SECOND SCHEDULE：Control of hazardous substances PartI Hazardous Substances) の改正政令 (S 263／2016)」

:
:
: シンガポールRoHS法は2016年6月1日に公示、2017年6月1日に施
: 行しました。シンガポールRoHS法は単独の法としてではなく、既存の環境
: 保護管理法（EPMA）の別表2に追加される形になっています。

 何のための規制？

家庭用廃電気電子機器による環境影響を最小化することによる環境保護を目的
とし、EUのRoHS指令をモデルに作成されています。

対象製品は、次の家庭用7製品群です。

1）エアコン

中古エアコン、冷却塔、冷却器、産業用あるいは特定用途の大規模エアコンは
除かれます。

2）薄型テレビ

11インチ以上のテレビが対象で、中古テレビ、自動車に装備されたテレビ、建
物やバス停留所の広告用テレビ、産業用あるいは特定用途に設計されたテレビは
除かれます。

3）携帯電話

中古携帯電話、携帯型の双方向無線機、衛星電話および特定用途に設計された
携帯電話は除かれます。

4）ファブレット（phablet、「Phone」と「Tablet」とを合わせた造語）

中古および特定用途に設計されたファブレットは除かれます。

5）ポータブルコンピュータ

中古ポータブルコンピュータ、自動車に装備されたポータブルコンピュータ
（カーピュータ）および特定用途に設計されたポータブルコンピュータは除かれま

シンガポール：RoHS法

序章

第1章

第2章

第3章

第4章

第5章

第6章

第7章

電気電子製品の含有化学物質規制について

す。

なお、コンピュータの定義では、自動タイプライタ・植字機、ハンドヘルド計算器、非プログラム可能・データメモリ機能がない場合は除かれます。

6）冷蔵庫

中古冷蔵庫、ワインキャビネット、携帯クーリングボックス、チラーまたは輸送用冷蔵箱、産業用または特定用途に設計された冷蔵庫は除かれます。

7）洗濯機

中古洗濯機、産業用あるいは特定用途に設計された洗濯機は除かれます。

 対象となる物質は？

特定有害物質は、改正前のEU RoHS指令と同じ6物質で、最大許容濃度も同じです。濃度の分母も「均質物質」で、EU RoHS指令と同じ定義となっています。

 何をしなくてはいけないの？

適合宣言書とEU RoHS指令の整合規格であるEN IEC 63000：2018に準拠した技術文書の作成および維持に加え、国内製造製品については販売前、輸入製品については輸入段階での適合宣言書の提出が求められています。

 これも知っておこう！

EU、韓国やインドなどのRoHS法では、リサイクルを法律制定の主要目的の1つとしているケースが多いのですが、シンガポールRoHS法は、中古製品は適用除外とするなど、どちらかというと有害化学物質の規制といった意味合いが強くなっています。これは、シンガポールは技術力が高く、廃棄寸前の中古電気電子機器の輸入が、近隣諸国より少ないことによると考えられます。

Q シンガポールRoHS法とEU RoHS指令での、対象製品の違いについて教えてください。

A シンガポールRoHS法[1]はEU RoHS指令をモデルに作成されていますが、対象製品については、違いがあります。

EU RoHS指令には11カテゴリーが設定され、一部の適用対象外製品を除き、原則すべての電気電子機器が対象となっています。一方、シンガポールRoHS法では、7種の電気電子製品に限定されています。中古洗濯機、産業用あるいは特定用途に設計された洗濯機等は除かれます。これら7製品群が選定された理由としては、家庭用電気電子機器が広く普及し、廃電気電子機器量が増加していることや、対象製品の大半が既にEUのRoHS指令に対応していることなどが背景にあるものと推測されます。

また、シンガポールRoHS法はEU RoHS指令をモデルに作成されていますが、シンガポールRoHS法の別表2のPartI（有害物質管理表）とEU RoHS指令の適用除外と対比してみると、除外要件に若干の差異があり、注意が必要です。

さらに、EU RoHS指令では、2019年7月22日より、制限対象物質として4種のフタル酸エステル類（DEHP、BBP、DBP、およびDIBP）の追加が決定していますが、シンガポールRoHS法では、今のところ、これらが制限対象物質として追加される予定はありません。

参考資料

[1] https://sso.agc.gov.sg/SL-Supp/S263-2016/Published/20160601?DocDate=20160601

Q シンガポールRoHS法とEU RoHS指令での、除外要件の違いについて教えてください。

A シンガポールRoHS法はEU RoHS指令をモデルに作成されていますが、除外要件については若干の差異があり、注意が必要です。シンガポールRoHS法とEU RoHS指令とで除外要件の異なるものは、下記のとおりです。

物質名	除外要件（意訳）	EU RoHS指令の除外要件
カドミウムとその化合物	・100dB（A）以上の音圧レベルを備えた高性能の拡声器の中で使用する変換器中の音声コイルに直接設置される導電体を接合するための電気的か機械的なはんだとしてのカドミウム合金	・附属書Ⅲ　30 2024年7月21日まで有効
	・アルミニウム結合酸化ベリリウムに使用される厚膜ペースト中のカドミウムおよびカドミウム酸化物	・附属書Ⅲ　38 2024年7月21日まで有効
六価クロム	除外要件の異なるものはなし	
鉛とその化合物	・陰極線管（CRT）のガラス中に含まれる鉛	・附属書Ⅲ　5（a） 2023年7月21日まで有効
	・以下の電気電子部品中の鉛 (a) ガラスまたはセラミック（コンデンサーの誘導体セラミックを除く） (b) ガラスまたはセラミック母材化合物	・附属書Ⅲ　7（c）-Ⅰ 若干表現が異なる 延長申請中
	・次のはんだ中の鉛 電力トランスの中で細い銅線（直径100μmを超過しない）の接合	・附属書Ⅲ　33 2024年7月21日まで有効
	・水銀フリーフラット蛍光灯の材料の接合材中の鉛	・附属書Ⅲ　31 2024年7月21日まで有効
	・構造要素の中で使用される表面電界ディスプレー中の酸化鉛	・附属書Ⅲ　25 2024年7月21日まで有効
	・クリスタルガラス中の鉛（Lead bound）	・附属書Ⅲ　29 若干の要件が異なる 2024年7月21日まで有効
水銀とその化合物	・一般用途以外の冷陰極蛍光ランプと外部電極蛍光ランプ中の以下の値を超えない水銀 長さ500mmを超えないランプは3.5mgを超えない水銀　など	・附属書Ⅲ　3（a）　など 2023年7月21日まで有効
PBB	除外要件の異なるものはなし	
PBDE	除外要件の異なるものはなし	

EEU（ユーラシア経済連合）：RoHS法

「EEU（the Eurasia Economic Union: ユーラシア経済連合）RoHS法」
(On technical regulations of the Eurasian Economic Union "On restricting the use of hazardous substances in electrical engineering and radio electronic products")（EEU 037/2016）[1]

ユーラシア経済連合（EEU）は、ベラルーシ、カザフスタン、ロシア、アルメニアとキルギスの5か国で構成されています。2016年10月18日にユーラシア経済委員会EECの決定No 113で、EEU RoHS法を2018年3月1日から施行[2]、2年間の猶予期間を設けて2020年3月1日から全面施行されました。

 何のための規制？

EEU RoHS法はEEUの域内で流通する電気電子機器に適用する技術規則です。

1. 目的

この技術規則は、EEU域内を流通する電気電子機器の有害物質の使用を制限するための要件を定め、域内の自由な移動を保証することを目的としています。

電気電子機器に関して、これらの製品の要件を定める連合の他の技術規則が採択された場合、そのような電気電子機器は、EEUのすべての関税同盟の技術規則に適用されます。

2. 対象製品

附属書Ⅰに収載されている次の製品が規制対象となります。

1）家庭用電気機器

2）コンピュータと周辺機器

3）電気通信機器

4）コピー機およびその他の電気事務用機器

5）電動工具（手動および携帯用の電気機械）

6）家具に組み込まれた設備を含む照明器具および光源

7）電子楽器

EEU（ユーラシア経済連合）：RoHS法

序章

第1章

第2章

第3章

第4章

第5章

第6章

第7章

電気電子製品の含有化学物質規制について

8）ゲーム機および商用ゲーム機器

9）キャッシュレジスター、チケット印刷機

10）交流または直流500Vを超えない定格電圧で使用するケーブル（光ファイバケーブルを除く）

11）自動スイッチおよびサーキットブレーカ

12）火災、セキュリティ警報器家庭用ブラウン管付装置

 ## 対象となる物質は？

特定有害物質は、改正前のEU RoHS指令と同じ6物質で、最大許容濃度も同じです。

 ## 何をしなくてはいけないの？

EU RoHS指令、CEマーキングと類似のスキームで適合宣言を行います。また、製品にはEACマークの貼付が要求されます。EACはEU RoHS指令のCEに相当するマークです。

適合宣言はEEC決定No 293（2012年12月25日）[3]に様式が定められています。

参考情報

* 1　https://docs.eaeunion.org/docs/ru-ru/01412363/cncd_23122016_113

* 2　http://www.eurasiancommission.org/en/nae/news/Pages/19-10-2016-1.aspx

* 3　http://docs.cntd.ru/document/902389542

Q

EEU RoHS法が適用されるEEUについて教えてください。

A EEUは、ベラルーシ、カザフスタン、ロシア、アルメニアとキルギスの5か国で構成されています。加盟候補国としてタジキスタンがあります。いずれも旧ソ連の構成国です。公用語は、ロシア語、ベラルーシ語、カザフ語、アルメニア語とキルギス語ですが、EEUのウェブサイトでは、基本的事項は英語で表示されています。

EEUは経済同盟で、EEU内へ輸入・上市される製品の解釈や取扱いを同一の考え方で運用されるよう、技術規則（Technical Regulation）が運用されます。技術規則は順次拡大されており、EEU RoHS法は技術規則"ТＰ　ЕА϶С 037/2016"として制定されました。 EEUはEUに類似した仕組みで、EEUの行政執行機関としてEEC（ユーラシア経済委員会、the Eurasian Economic Commission）があります。技術規則は、EECが告示します。告示名称は、"Decision No. 113 of the Council of the Eurasian Economic Commission dated October 18, 2016）"[1]です。

EEUの法令は"Legal Portal"で公開されています。EEU RoHS法の名称は、On technical regulations of the Eurasian Economic Union "On restricting the use of hazardous substances in electrical engineering and radio electronic products"です。

EEU RoHS法は、EU RoHS指令やCEマーキングと類似していますが、若干ながら差異があります。

参考資料

[1] https://docs.eaeunion.org/docs/ru-ru/01412363/cncd_23122016_113

160

EEU（ユーラシア経済連合）：RoHS法

序章
第1章
第2章
第3章
第4章
第5章
第6章
第7章

Q EEU RoHS法の用途除外、適用除外について教えてください。

A 特定有害物質6物質についての用途の除外は附属書Ⅲに収載されています。除外項目は43項目で、項立てが異なるのですが、内容的にはEU RoHS指令と類似しています。項目は同じでも基準値が微妙に異なっています。

例えば、No.1の30ワット未満の蛍光管中の水銀は2.5mgとなっており、EU RoHS指令の5mgより厳しくなっています。

多くの日本企業が気にしているNo.14「鋼」、No.15「アルミニウム」、No.16「銅」合金中の鉛の許容濃度は、EU RoHS指令の「鋼　0.35％」、「アルミニウム　0.4％」、「銅　4％」と同じです。

また、EEU RoHS法で規制の対象とされる製品類についても、EU RoHS指令とおおむね同じです。しかし、例えばEU RoHS指令では適用が除外されていない電動玩具がEEU RoHS指令では除外されている、また、2007年の改正によりEU RoHS指令（2002/95/EC、当時）の対象となった医療機器が、EEU RoHS法では除外されているなど、規制対象となる製品類には若干の違いがあります。

EEU RoHS法の「Ⅰ　適用範囲」の項目3に除外製品の詳細が記載されていますが、具体的には、定格電圧が交流1,000ボルトおよび直流1,500ボルトを超える電気電子機器、電動玩具、太陽電池パネル、地上および軌道上で用いられる航空宇宙用機器、航空・水上および水中・地上・地下の輸送用機器、附属書Ⅰの製品に含まれない製品用の電池・蓄電池、計測機器、医療機器などが適用除外となっています。

UAE：RoHS法

「UAE（United Arab Emirates: アラブ首長国連邦）RoHS法」[1]
（the UAE System for Controlling the Percentage of Hazardous Substances Restricted in Electrical and Electronic Devices）（Cabinet Resolution No.10 of 2017：Resolution 10/2017）

2017年4月28日に政令（Resolution 10/2017）でRoHS法が施行され、2020年1月1日からカテゴリー8、9、11製品群を除くすべての電気電子製品に10物質の使用が制限されています。カテゴリー8、9、11製品群は2022年1月1日までは6物質のみの使用が制限されます。

ただし、対象製品はEU RoHS指令と異なり対象製品リストがあります。

 何のための規制？

UAEに上市する電気電子製品に含まれる規制有害化学物質の濃度を管理することにより人の健康と経済的および環境的安全を確保するための規則です。

適用時期は以下のとおりです。

製品群・グループ名		Cd,Pb,Hg,Cr,PBB,PBDE	DBP,DEHP,BBP,DIBP
カテゴリー8（医療機器）・カテゴリー9（監視制御機器）	A	2020年1月1日	2022年1月1日
Aのケーブル・スペアパーツ	B	2022年1月1日	2022年1月1日
カテゴリー11（その他）を除くA以外の電気電子機器、B以外の修理、再利用、アップグレード機器	C	2018年1月1日	2020年1月1日
カテゴリー11（その他）	D	2020年1月1日	2020年1月1日

 対象となる物質は？

EU RoHS指令と同じ10物質群で、最大許容濃度も同じです。EU RoHS指令と同様に附属書3、4で用途の除外がありますが、EU RoHS指令のPack9などの改定のすべてには対応していません。

UAE：RoHS法

序章
第1章
第2章
第3章
第4章
第5章
第6章
第7章

電気電子製品の含有化学物質規制について

 何をしなくてはいけないの？

第5条で、適合評価機関により関連規則に基づいて製品の適合評価手続きを行うことが要求されています。[2]

適合性評価の方法は次の2種類があります。[3]

1）ECAS（Emirates Conformity Assessment Scheme）による強制適合性評価

フォームAを用いてECAS認証プログラム要求事項への適合情報を提出し、ESMA（Emirates Authority for Standardization and Metrology）が認証し証明書を発行してECASマークを製品に貼付する。（1年間有効）

2）自発的スキームEQM（Emirates Quality Mark）による適合性評価

フォームHを用いて適合宣言書とリスクアセス文書を提出し、ESMAが適合性認証して証明書を発行しEQMマークを製品に貼付する。（3年間有効）

 これも知っておこう！

強制規格は以下のとおりです。

・UAE版　IEC62321、IEC 62474、IEC/TR 62476、EN 50581

なお、UAEもメンバーであるGCC（Gulf Cooperation Council）が2018年3月にRoHS規則をWTOに通告しています。GCC RoHSが発効後は加盟国は国内法を廃止してGCC RoHSを採用する規定になっていますので、注意が必要です。

参考情報

* 1　https://www.esma.gov.ae/ar-ae/ESMA/Pages/Laws-and-Legislations.aspx

* 2　https://www.tkk-lab.jp/post/rohs20191207

* 3　https://www.esma.gov.ae/Documents/Restriction%20on%20Hazardous%20
Substances.pdf

column

その他の国のRoHS法対応の動き

　EU RoHS指令がデファクトスタンダードになっていることから、その他の国のRoHS法対応もその立法時期によりおおむねEU RoHS指令またはRoHS（Ⅱ）指令に沿ったものになっています。

　ただし、EU RoHSは定期的に見直しが行われて規制対象物質の追加や適用除外用途の廃止、期間延長、追加などが行われていますので、その部分の確認が必要です。

　ここでは、ブラジル、トルコおよびウクライナの例をご紹介します。

＜ブラジルにおけるRoHS法制化の動き＊1＞

　ブラジルの化学物質規制動向を知るためには、二つのキーワードがあります。

　一つは2006年2月6日にドバイで採択された世界の化学物質の安全性を促進するための国際政策である「国際的な化学物質管理のための戦略的アプローチ（SAICM）」を基本とした動きであり、もう一つはメルコスール加盟国として共通の化学物質規制システムを構築する動きです。

　化学物質規制と分類・表示に対する取組みはメルコスールとして米州開発銀行（IDB）の無償技術援助を使って法制化が進んでいますが、RoHSに関しては現在検討が進んでいるところです。

　RoHS対応の規定としては、2010年1月19日付規範的指示第01号があり、物品の取得、行政によるサービスまたは工事の請負その他の措置における環境の持続可能性の基準を規定しています。その中で行政の発注品に関して「水銀（Hg）、鉛（Pb）、六価クロム（Cr6+）、カドミウム（Cd）、ビフェニル-ポリ臭素（PBB）、ポリ臭化ジフェニルエーテル（PBDE）など、RoHS指令（特定の有害物質の制限）で推奨されている濃度を超える危険物質が商品に含まれていないこと」との規定があります。

　今後近い将来にRoHS指令相当の規制法案が提案されると思われますが、

序章

第1章

第2章

第3章

第4章

第5章

第6章

第7章

基本はEUのRoHS（II）指令相当となると思われます。

<トルコのRoHS法*²>

　トルコでは2012年5月に「廃電気・電子製品の管理に関する規制」が公布・発効しています。根拠法は1983年の環境法です。トルコではEU加盟の動きがあり、EUの環境関連法に則した法整備が急がれており、この法律もEU RoHS指令およびWEEE指令に沿って作られたことが法文に明記されています。適用範囲はEU RoHS指令と同じ電気電子製品10カテゴリーです。

　附属書1/Bに各カテゴリーごとの詳細な製品名が規定されています。規制対象となる特定有害物質も、鉛（Pb）、水銀（Hg）、六価クロム（Cr⁶⁺）、ポリ臭化ビフェニル（PBB）およびポリ臭素化ジフェニルエーテル（PBDE）およびカドミウム（Cd）の6種類で許容濃度もEU RoHS指令と同じです。

　適用除外用途もほとんどが初期のEU RoHS指令と同じですが、一部異なりますので確認が必要です。

<ウクライナのRoHS法*³>

　ウクライナでは2017年3月に「電気および電子機器における特定の有害物質の使用を制限する技術規則」が承認されてRoHS相当の規則が公布され、同年9月から施行されています。

　この規則はその後数次にわたり修正されて2020年2月12日修正版が最新です。この規則はEU RoHS（II）指令に沿って作られています。

　適用範囲はEU RoHS（II）指令と同じです。規制対象となる特定有害物質は、鉛（Pb）、水銀（Hg）、六価クロム（Cr⁶⁺）、ポリ臭化ビフェニル（PBB）およびポリ臭素化ジフェニルエーテル（PBDE）、カドミウム（Cd）の6種類にフタル酸エステル類4種類を加えた10種類で、許容濃度もEU RoHS（II）指令と同じです。

　適用除外用途はEU RoHS（II）指令の初期の用途と同一ですが、EU RoHS（II）指令におけるその後の除外用途と期限の見直しは反映されていません。

■参考情報

＊1 https://antigo.comprasgovernamentais.gov.br/index.php/legislacao/
instrucoes-normativas/407-instrucao-normativa-n-01-de-19-de-janeiro-
de-2010

＊2 http://www.mevzuat.gov.tr/Metin.Aspx?MevzuatKod=7.5.1615
9＆MevzuatIliski=0＆sourceXmlSearch=Elektrikli%20ve%20
Elektronik

＊3 https://zakon.rada.gov.ua/laws/show/en/139-2017-%D0%BF#Text

第 4 章

電気電子製品以外の含有化学物質規制について

EU：GPSD

「一般的な製品安全に関する欧州議会及び閣僚理事会の指令2001/95/EC」（DIRECTIVE 2001/95/EC OF THE EUROPEAN PARLIAMENT AND OF THE COUNCIL of 3 December 2001 on general product safety）*1

生産者や流通業者に安全な消費者向け製品のみを上市することを要求しています。1992年に制定、2001年12月に改正されました。

 何のための規制？

この指令の目的は、市場に供給される製品の安全性を確保することです。

この指令は製品に関する安全性を管理するEU整合法令において、同じ目的を有する特定の規定がないかぎり適用されます。また、EU整合法令による安全要件が存在している場合、この法律はそれらの安全要件によってカバーされていない側面およびリスクの範囲にのみ適用されることになります。この指令の安全基準は整合規格として告示されています。「安全な製品」とは、通常の状態または継続的な使用やサービス、設置、メンテナンスの必要性を含む合理的に予見可能な使用条件のもとで、リスクを示さない、または製品の使用に適合した最小限のリスクしか存在せず、人の安全と健康に対する高いレベルの保護の水準を満たしていると考えられる製品となります。このような「安全な製品」に該当しない製品が「危険な製品」とされ、影響が即時ではなくても、公的機関による迅速な介入を必要とするものは、重大なリスクを有すると判断されます。

 対象となる物質は？

製品がEU整合法令の対象となる場合は、その法令が要求する規制に従うことになります。この指令では対象となるEU整合法令で規制されている物質以外のすべての化学物質について、生産者にリスクを評価することを求めています。

EU : GPSD

序章

第1章

第2章

第3章

第4章

第5章

第6章

第7章

電気電子製品以外の含有化学物質規制について

 何をしなくてはいけないの？

　生産者には、合理的に予測可能な使用期間を通じて製品に内在するリスクがただちに明らかにならない場合には、そのリスクを評価すること、また、それらのリスクに対して注意を払うための情報を消費者に提供することが求められます。

　さらに生産者は、それぞれの活動の範囲内で、提供する製品の特性に見合った対策を採用し、以下の措置を行うことが求められます。

　・製品がもたらすリスクの可能性について情報の提供

　・リスク回避手段として、市場からの撤退やリコールなどを選択

　上記措置の例としては、次のような対応が含まれます。

　・製品や包装に生産者の関連情報や製品コード（可能ならば製造バッチ）を表示

　・製品の市場サンプル調査やクレーム情報の収集・調査結果を販売業者へ提供

 これも知っておこう！

　第8条で、加盟国は危険な製品が既に市場に流通している場合、リコールや破壊する権限があり、12条でRAPEXでリスク評価を通知します。2019年3月にRAPEXガイドライン（決定2019/417/EU）[*2]が改正され、「化学的リスクのある製品の通知」では、「EU法で禁止されているか、定められた制限を超える濃度の化学物質を含む場合、製品のリスクレベルは深刻であると見なされる場合がある。したがって、EU法規制の対象となる化学物質を含有する製品に対して対策を講じる場合には、詳細なリスクアセスメントを行わずに通知を行うことができる」としています。化学物質規制は他のハザード要素より、厳しいことが分かります。

📖 参考情報

[*1]　https://eur-lex.europa.eu/legal-content/EN/TXT/?uri=CELEX%3A32001L0095

[*2]　http://ec.europa.eu/consumers/consumers_safety/safety_products/rapex/
　　　alerts/repository/content/pages/rapex/index_en.htm

Q 　RAPEXはどのような仕組みで、どのような内容が通知されるのでしょうか。

A 　RAPEXにはGPSD第11条と第12条の２つの通知メカニズムがあります。

・第11条の通知メカニズム

　加盟国の領域を超えず、消費者の健康および安全に対する重大なリスクを及ぼすことはないが、消費者製品に関して実施した措置に関する情報

・第12条の通知メカニズム

　製品のリスクが重大であり、そのリスクがリスク評価した加盟国の領域外に影響を与える恐れがあり、差し止めや制限、リコール等の措置を決定した情報

　第11条の情報は、製品の安全性の観点から他の加盟国に関心がある可能性のある情報であり、他の通知ではまだ報告されていない新しいリスクに対応するためとされています。

　第12条の通知メカニズムは、加盟国はGPSDのもとでRAPEXにより、以下の４項目の基準を満たすとき、欧州委員会に通知義務を負うことになります。

・製品が消費者製品である。
・製品が、販売または使用に関して禁止、制限、または条件を課す措置の対象となっている。
・製品が消費者の健康と安全に重大なリスクがある。
・重大なリスクが国境を越えて他国に影響する。

　リスクの決定方法は改定RAPEXの運用のガイドライン[*1]に示されています。リスクは「重症度」と「製品の予見可能な製品寿命の間の損傷の可能性」のマトリックスで決定しますが、「切傷」「擦傷」などの怪我の種類と傷害の重症度区分を症状で示しています。

　化学物質は以下の「特定の場合における特定のリスク評価ガイドライン」によります。

EU：GPSD

序章

第1章

第2章

第3章

第4章

第5章

第6章

第7章

電気電子製品以外の含有化学物質規制について

REACH規則の「情報要件と化学物質安全性評価に関するガイダンス」がありますが、一般的には、それらは「通常の」消費者製品の場合と同じ原則に従うとして、以下の手順を示しています。

（i）有害性の特定と評価

損傷の重症度を決定する。

（ii）ばく露評価

このステップにおいて、ばく露は、消費者が、損傷シナリオにおいて予想されるように製品を使用する場合に、経口、吸入または経皮経路を介して、別々にまたは共同で、摂取し得る化学物質の可能な用量として表される。

このステップは、損傷が実際に起こる確率を決定することである。

（iii）リスクの特徴付け

このステップは、基本的には、消費者が取り込む可能性がある化学物質の用量（＝ばく露）を、その化学物質の導出された無影響レベル（DNEL）と比較することからなる。

ばく露がDNELより十分に低い場合、換言すれば、リスク特性化比（RCR）が明らかに1未満である場合、リスクは適切に管理されていると考えられる。これは、リスクレベルを決定することと同じである。リスクのレベルが十分に低い場合には、リスク管理措置は必要とされないことがある。

なお、化学物質はいくつかの有害性を有する可能性があるので、リスクは通常、最も重要であると考えられる健康影響（または急性毒性、刺激性、感作性、発がん性、変異原性、生殖毒性などの「エンドポイント」）である「主要な健康影響」について決定される。

RAPEXによる通知内容は、欧州委員会ウェブサイト（Safety Gate）[2]で公開されます。

📖 参考情報

[1]　https://eur-lex.europa.eu/eli/dec/2019/417/oj

[2]　https://ec.europa.eu/consumers/consumers_safety/safety_products/rapex/alerts/repository/content/pages/rapex/index_en.htm

EU：玩具指令

「玩具の安全性に関する2009年6月18日の欧州議会及び理事会指令2009/48/EC」
(DIRECTIVE 2009/48/EC OF THE EUROPEAN PARLIAMENT AND OF THE COUNCIL of 18
June 2009 on the safety of toys) *1

14歳未満の子供が遊びの中で使用するように設計、または使用することを
意図した玩具について、子供の保護を目的に、加盟国間での安全レベルを整
合するために採択されました。

 何のための規制？

玩具指令は、加盟国ごとに安全性に関する異なる規則が制定されると、取引や
販売の障壁となると同時に、玩具から生じる危険から子供を効果的に保護するこ
とができないとの考えを背景に、玩具のより一層の安全性の確保と域内での自由
な取引のための規則です。

この指令の対象とする玩具とは、「もっぱらそのために使用されるか否かを問わ
ず、14歳未満の子供が遊びに使用するために設計された製品、または遊びに使用
されるために供される製品」です。

玩具指令は、GPSDの要求に附属書Ⅱの必須安全要求事項を上乗せして上市す
ることを求めています。

そのために各国は、附属書Ⅱの定める必須安全条件を満たさない玩具が上市さ
れないよう、監視しあらゆる措置を講じることができます。また、玩具指令はニ
ューアプローチ指令ですので、指令の対象となる玩具には、上市の前にCEマーキ
ング対応をしなければなりません。

整合規格は多く作成され改定もされますが、関係深いのが、EN 71-1：2014＋
A1：2018「機械的および物理的特性」、EN 71-3：2019「特定元素の移行（溶出）」で
す。その他、EN 62115：2005/A12：2015「電動玩具の安全」もあります。

必須安全要求として「玩具に含まれる化学物質を含め、それが意図した用途で、
または子供の通常の行動を念頭において予見できる方法で使用されたときに、使

EU：玩具指令

序章
第1章
第2章
第3章
第4章
第5章
第6章
第7章

電気電子製品以外の含有化学物質規制について

用者または第三者の安全または健康を脅かしてはならないものとする」という GPSDの要求への適合も求めています。

 対象となる物質は？

附属書Ⅱは、「物理的および機械的特性」「可燃性」「化学的特性」「電気的特性」「衛生」「放射能」の6つの事項を要求しています。

「化学的特性」では、子供の通常の行動から予見できる方法で使用されたとき、含有化学物質（混合物を含む）にばく露による健康への悪影響やリスクが生じないように、設計および製造することを要求しています。

物質では、CMR物質（発がん性、変異原性、生殖毒性の物質）の使用は原則禁止です。

最近では、アレルギー性香料の含有制限物質の追加や見直しが2020年3月にWTOに通知されました。

また、日本企業の関心が高い移行量制限物質は、17元素19項目で、物質の存在する3つの状態ごとに移行量（mg/kg）が制限されています。

（1）17元素19項目

①アルミニウム②アンチモン③ヒ素④バリウム⑤ホウ素⑥カドミウム⑦三価クロム⑧六価クロム⑨コバルト⑩銅⑪鉛⑫マンガン⑬水銀⑭ニッケル⑮セレン⑯ストロンチューム⑰錫⑱有機錫⑲亜鉛

（2）存在する状態

①乾燥・脆性・粉状・柔軟な玩具材料中②液体または粘着性の玩具材料中③削り取られた玩具材料中

・例　（単位はmg/kg）

	乾燥・脆性・粉状・柔軟な玩具材料中	液体または粘着性の玩具材料中	削り取られた玩具材料中
アルミニウム*	2,250	560	28,130
鉛	2.0	0.5	23

*2021年5月20日から適用

何をしなくてはいけないの？

製造者の主な義務は以下のとおりで、EU域外の製造者にも要求されます。

・製造者は、玩具指令第10条の一般安全要求事項および附属書IIの必須安全要求事項に従って設計および製造されていることを確実にしなければなりません。

・CEマーキングは2方式で適合性確認が要求されます。

（a）すべての告示された整合規格を適用する場合は、決定768/2008/EC附属書IIのモジュールAの内部生産管理手順によります。

（b）整合規格がない場合などは、決定768/2008/EC附属書IIのモジュールBの「生産予定品の代表サンプルである完成品試験（生産型式）」「技術文書および証拠文書の審査による製品の技術設計の妥当性評価（設計型式）」「設計型式と生産予定品の代表サンプルである1個以上の重要部品の審査（生産型式と設計型式の組合せ）」で評価します。

型式試験を終えたら、決定768/2008/EC附属書IIのモジュールCで「製造工程およびその監視により、製造した製品が型式試験証明書に記載された認可の型式および適用される法令に確実に適合するためにあらゆる措置」を実施しなくてはなりません。

・製造者は、要求される技術文書（TD）を作成し、適用可能な適合性評価手順に従って評価を実施します。そして、玩具が適合性を満たすとき、EU適合宣言書（DoC）を作成し、CEマーキング対応をします。

・技術文書および適合宣言書は、上市後10年間保管します。

・適合を維持するために生産手順を整備し、整合規格の変更について適切に対応しなくてはなりませんが、これは、ISO9001品質マネジメントシステムがベースとなっています。

・加盟国市場監視当局からの要請に応じて、製造者は技術文書の関連部分をその加盟国の公用語に翻訳して提供します。加盟国市場監視当局は提出期限または翻訳期限を定めることができ、緊急なリスクがある場合を除き30日間とされています。

EU：玩具指令

序章

第1章

第2章

第3章

第4章

第5章

第6章

第7章

 これも知っておこう！

1．摘発事例

EUには「RAPEX」と呼ばれる欧州共同体緊急情報システムがあります。

RAPEXは食品や医療機器を除く消費者向け製品について、健康と安全に深刻な危害を引き起こす可能性のある製品の販売と利用を迅速に制限するため運用されており、毎週金曜日に概要が一般公開されています。RAPEXにはEUおよび欧州経済領域（EEA）が参加していて、いずれかの国で摘発した内容が参加国に通報されます。

2019年の年間のRAPEXの通知件数は2,243件、玩具は29％でした。化学物質リスクによるものでは、玩具および育児用品中のフタル酸エステル類など含有の制限違反が見られました。

2．適用範囲外

次のような製品が19項目、リスト化されています。

1）祭典や祝い事用装飾物

2）収集家用製品。ただし、製品または包装に14歳以上の収集家用であることを表示されていることを条件とする

  a．詳細かつ忠実な縮尺模型

  b．詳細な縮尺模型の組立キット

  c．民族人形、装飾人形および類似品

  d．玩具の歴史的複製

  e．本物の消火器の複製品

3）スポーツ用品　など

参考情報

＊1　https://eur-lex.europa.eu/legal-content/EN/TXT/?uri=CELEX:0200
9L0048-20191118

> **Q** 玩具メーカーである弊社は、EU市場に販売するラジコンカーの製作を検討していますが、どのような法規制対応が必要ですか。

A 玩具に適用される規制は、いろいろありますので確認が必要です。
ラジコンカーは、玩具指令対象製品に該当し、同時に電気電子機器に当たりますので、RoHS指令も適用されます。また、可塑化された材料にはREACH規則による制限があります。

1．玩具指令

玩具とは「14歳未満の子供たちが使用することを意図して作られた製品または材料」となっています。

製造者の主な義務は以下のとおりです。これらの義務はEU域外の製造者であっても要求されます。ただし、認定代理人（Authorized Representative）を指名し、EU域内での対応等を一部代行してもらうこともできます。

EU玩具指令は、ニューアプローチ指令ですので、RoHS指令と同様にCEマーキングが適用されます。

- 玩具が安全要求事項（第10条および附属書Ⅱ）を満たしていることの保証
- 適合性評価のための技術文書の作成（第21条）、適合性評価の実施（第19条）、適合宣言書（DoC）の作成（第15条）ならびにCEマーキング対応（第17条第1項）
- 技術文書および適合宣言書の10年間保管
- 製品への表示（玩具の種類、識別番号、製造者名、商号、登録商標、住所）。直接記載が不可能な場合は、包装上か取扱説明書など添付書類上に記載
- 取扱説明書や安全情報の添付（加盟国が指定する言語で記載）
- 製品の違法性が判明した場合の是正措置、あるいはリコールおよび関係当局への通知等

なお、玩具指令には多くの整合規格があり、玩具の種類により整合規格への対応が必要になります。電動玩具には、電気安全規格が適用されます。

2．REACH規則

2020年7月7日からREACH規則の制限物質として、DEHP、DBP、BBPおよび

EU：玩具指令

序章

第1章

第2章

第3章

第4章

第5章

第6章

第7章

電気電子製品以外の含有化学物質規制について

DIBPの４種のフタル酸エステル類は、玩具だけでなくすべての成形品で合計0.1重量％以上の使用および上市が禁止されました。（EU REACH規則　附属書ⅩⅦ51項）

　樹脂製品などに特定フタル酸エステル類を含有しないように化学物質管理を確実に実施することが重要になります。

　なお、食品接触材規則（（EC）No 1935/2004）、食品接触プフスナック材料規則（（EC）No 10/2011）、医療機器規則（（EU）2017/745）、体外診断用医療機器規則（（EU）2017/746）およびRoHS指令（2011/65/EU）などの適用範囲の製品は適用されません。

３．RoHS指令

　RoHS指令では、玩具、レジャー器具は、カテゴリー７に該当するので、ラジコンカーは対象になります。したがって、特定有害制限物質（10物質）の最大許容濃度未満の含有制限があります。2015年６月に追加された、４種のフタル酸エステル類は、2019年７月22日より適用されました。

　玩具指令およびRoHS指令ともにニューアプローチ指令ですから、両指令に適合させてCEマーキング対応をします。

　その他、WEEE指令、電池指令、EMC指令、低電圧指令や無線機器指令（RED）なども適用される場合がありますので確認が必要になります。

米国：消費者製品安全性改善法（CPSIA）

「消費者製品安全性改善法」(Consumer Product Safety Improvement Act of 2008) [1]

消費者製品安全性改善法（CPSIA）は、消費者製品安全法（Consumer Product Safety Act; CPSA）を大きく改善する形で2008年に成立した法律で、2010年2月から適用されました。米国向け消費者製品は、CPSIAの適用を受けます。

 何のための規制？

東南アジアで生産された玩具などの消費者向け製品の事故、リコールなどのトラブルによる社会不安の高まりを背景に、2008年8月に消費者製品安全法（CPSA）を大きく改善する形で成立しました。改めて消費者製品安全基準と子供向け製品の安全性確保のための必要条件を新たに設定し、消費者製品安全委員会の権限強化、ならびに予算と人員を拡充しました。この改正で、鉛・フタル酸エステルが含まれる製品から子供を保護するために、玩具および子供向け製品について、新たに鉛およびフタル酸エステルの含有量に関する厳しい規制が課されました。

 対象となる物質は？

法律の趣旨が子供向け製品の安全性確保に焦点を置いていることもあり、12歳以下の子供向け玩具に含まれる鉛と特定フタル酸エステルが対象となります。鉛は、非接触の構成部品は対象外になっています。特定フタル酸エステルは、鉛の場合のような非接触の構成部品に対する適用除外はありません。

ちなみに、この法律で定義する「玩具」とは、主に12歳以下（EUは14歳以下）の子供向けに設計された消費者製品を意味しており、主に12歳以下の子供向けであるかどうかを判断するにあたり、以下の要素が考慮されなければならないとして

米国：消費者製品安全性改善法（CPSIA）

序章

第1章

第2章

第3章

第4章

第5章

第6章

第7章

電気電子製品以外の含有化学物質規制について

います。

・製品の意図された使用についての製造元の申告（申告が合理的である場合は製品ラベルも含む）

・12歳以下の子供が使用するのに適した製品の包装、表示、宣伝、または広告で表現されているかどうか

・12歳以下の子供が使用することを意図していると一般的に認められているか

・2002年9月に米国消費者製品安全委員会（CPSC：Consumer Product Safety Commission）が発行した年齢決定ガイドラインおよびその修正版を遵守するとみなされるか

 何をしなくてはいけないの？

CPSIAは安全確保の義務をメーカーに課しています。米国規制の一般的な概念は表示義務と思われがちですが、警告表示を理解できないような子供向け商品などは絶対基準を定めています。消費者製品の基準は品目ごとに公開されています。

例えば、玩具では子供のための追加的な要求として、3歳児以下向けには飲込みによる窒息を避けるための基準など、有害化学物質以外の要求もあります。子供向け商品の基本は12歳以下に義務がありますが、12～18カ月、19～23カ月、2歳、3歳など年齢により細かな基準があります。

海外法規制の適用条項を探すのは困難です。CPSCはウェブページで「重要な製品安全要件を特定するための要件をガイドする規制ロボット（Regulatory Robot!)」*2を公開しています。規制ロボットが一連の簡単な質問をして、設計と製造プロセスを進めるために必要な基本的なガイダンスをするものです。

連邦法15章§2063（Product certification and labeling：製品認証とラベリング）(d) B*3で、「第三者試験負担の軽減を目的に、第三者試験をすることなく、適用される消費者製品安全規則、禁止、基準または規制に適合する十分な保証を提供することができる」という規定があります。

未使用の木材または使用前の木材廃棄物（木材加工工場の木くず）から作られた未処理のパーティクルボードや合板などではフタル酸エステル類の含有リスクは十分に低いので測定による確認は不要としています。*4ただし、ポリ酢酸ビニル接着剤を使用していないなどの要件があります。同様に、ナイロンやポリウレタ

ン等の5種類の繊維製品には重金属類、PETや天然ゴムラテックスなどの5種類の素材およびポリプロピレン（PP）やポリエチレン（PE）などの4種類の樹脂にはフタル酸エステル類の含有リスクは十分に低く、測定による確認は不要です。*5

また、米国に輸入される消費者向け製品について、CPSCが定める規定や基準を満たしていることを証明する書類（Certificate of Conformity）の提出が要求され、追跡用ラベルの貼付が義務付けられます。米国税関は、消費者製品が検査され使用を承認されているという証明書の提出を要求することができます。また、輸入者は、証明書のコピーを卸売業者や小売店にも提供する必要があります。

証明書には、以下の内容の記述が要求されます。

・製造元または輸入者の詳細な連絡先情報
・製品がCPSCの規定や基準に対し検査および承認を受けているか
・製品の製造場所および製造日
・乳幼児および12歳以下の子供向け製品については、CPSCの認可を受けた第三者機関としての試験所による検査および承認

 これも知っておこう！

CPSIAによる摘発もEUのRAPEXと同様に行われています。連邦規則による必須標準に違反がある場合にLOA（Letter of Advice）を発行します。

LOAは警告状に相当し、違反企業に違反行為の内容を示し、対応として「以降の生産対応〔correct future production（CFP）〕」「販売を中止し、以降の生産対応（CFP）」、「リコール、販売を中止し、以降の生産対応（CFP）」を助言します。

LOAは毎年1,000〜1,700件ほど発行されますが、子供向け製品への鉛含有が違反行為のワースト1です。

また、危険性のある製品から消費者を守るため、CPSCには強制的にリコールを命令する法的権限があります。

CPSCでは、安全性に問題のある商品の速やかなリコールに企業が応じた場合、時間のかかる危険性分析テストなどの手続きを省いた迅速実施プログラム（Fast Track Program）を用意しています。このプログラムでは、企業がCPSCにリコール情報を報告してから20日程度でのリコールが可能となります。CPSCが消費者製品

米国：消費者製品安全性改善法（CPSIA）

序章

第1章

第2章

第3章

第4章

第5章

第6章

第7章

電気電子製品以外の含有化学物質規制について

安全法の違反に関する民事または刑事捜査に関与している場合、委員会は最終的な決定を公表し、それらの罰則は民事および刑事罰データベースに記録します。このデータベース[6]では、民事または刑事罰、会社、製品、および年度別の記録を検索できます。CPSC によって規制されているすべての製品について、委員会は、必須の基準に違反した場合に、コンプライアンス違反の手紙を発行し、ウェブサイトで公開[7]します。

　製品によって、またその違反内容や危険性によって、リコールの手続きと準備は異なります。CPSCではリコールハンドブックを発行するとともに迅速実施プログラムの詳細やリコール告知の方法などをウェブサイト[8]で広報し、リコール対策・対応を請け負うサポートサービス会社もあります。

　企業としては、これらの仕組みをよく理解し、リコールされない体制の確立、万一リコールされた場合の対処法を、前もって検討しておく必要があります。

参考情報

* 1　https://www.cpsc.gov/Regulations-Laws--Standards/Statutes/The-Consumer-Product-Safety-Improvement-Act

* 2　https://www.cpsc.gov/Business--Manufacturing/Regulatory-Robot/Safer-Products-Start-Here/

* 3　https://uscode.house.gov/view.xhtml?req=granuleid:USC-prelim-title15-section2063&num=0&edition=prelim

* 4　https://www.ecfr.gov/cgi-bin/text-idx?SID=b64d1e0ae864da9cc1260c65dfd0f0da&mc=true&node=se16.2.1252_13&rgn=div8

* 5　https://gov.ecfr.io/cgi-bin/text-idx?SID=07af24c3b553a66c7b87cbba06374e4b&mc=true&node=se16.2.1308_12&rgn=div8

* 6　https://www.cpsc.gov/Business--Manufacturing/Civil-and-Criminal-Penalties

* 7　https://www.cpsc.gov/Recalls/Violations/

* 8　https://www.cpsc.gov/Business--Manufacturing/Recall-Guidance

Q CPSIAにおけるフタル酸エステル類と鉛の規制について、基準値と対応期日を教えてください。

A ### 1. フタル酸エステル類の規制

CPSIA第108条では、子供用玩具または育児用品に次のフタル酸エステル類を0.1％以上含有させてはならないとしています。

・フタル酸ジエチルヘキシル（DEHP）

・フタル酸ジブチル（DBP）

・フタル酸ブチルベンジル（BBP）

同時に、暫定処置として3歳未満の子供の口に入る育児用品には、次のフタル酸エステル類を0.1％以上含有させてはならないとしています。

2020年8月時点で規制対象となっているフタル酸エステル類は以下を含めて8種類です。

・フタル酸ジイソノニル（DINP）

・フタル酸ジイソブチル（DIBP）

・フタル酸ジ-n-ペンチル（DPENP）

・フタル酸ジ-n-ヘキシル（DHEXP）

・フタル酸ジシクロヘキシル（DCHP）

2. 鉛の規制

鉛については、子供用製品と塗料について、それぞれ含有規制があります。

ａ）子供用製品の鉛の含有規制

現在、鉛については100ppm以上の含有は禁止され、また、第三者機関による試験と規制値以内である証明が必要です。

ｂ）塗料の鉛の含有規制

現在、90ppmになっています。CPSCによるFAQでは、90ppmの含有規制は厳しい規制であることから、ASTM F963-07で規定されている抽出試験は、必要でないと説明しています。

米国：消費者製品安全性改善法（CPSIA）

序章
第1章
第2章
第3章
第4章
第5章
第6章
第7章

電気電子製品以外の含有化学物質規制について

Q 米国における消費者製品安全性改善法（CPSIA）の対象製品を教えてください。

A CPSAは、2008年8月14日に成立したCPSIAによって、大幅に改正されました。

ここで対象となる製品は、米国で流通する「消費者製品」または「12歳以下の子供向け製品」です。「消費者製品」の定義は、CPSAで次のように規定されています。CPSAはCPSIAの発効後も下記のような言葉の定義等について、引き続き有効な法律として運用されています。（CPSAのsection 3（a）（5）（15 U.S.C. 2052（a）（5）））。

①家庭、学校、レクリエーション等における恒久的あるいは一時的な使用のために販売されるもの

②家庭、学校、レクリエーション等における恒久的あるいは一時的な個人使用・消費・娯楽のために供されるもの（ただし以下を除く）

・通常、販売・使用・消費・娯楽を目的とした生産あるいは流通がなされない品物

・タバコ、タバコ製品、自動車、車両装置、農薬

・"Internal Revenue Code of 1986"のsection 4181（26 U.S.C. 4181）に基づいて課税される品物

・航空機、航空機エンジン、プロペラ、航空機に使用される電気機器（"Federal Aviation Act of 1958"のsection 101などに規定）

・安全条項で規定されている船舶および船舶の装置、薬、化粧品、食品

韓国：電気用品と生活用品安全法

「電気用品と生活用品安全法【法律第13859号、2016.1.27全部改正】」[*1]

> 2018年7月に改正施行された法律で、韓国国内で販売される対象製品は、この法律で規定されているそれぞれの製品区分における安全性の要求を満たす必要があります。

 何のための規制？

電気用品と生活用品安全法は、電気用品および生活用品の安全管理に関する事項を規定することによって国民の生命・身体および財産を保護して、消費者の利益と安全を図ることを目的としています。

この法律は電気用品（工業的に生産された製品で、1,000V以下の交流電源または直流電源に連結して使われる製品、部品または付属品）と生活用品（工業的に生産された製品として別途の加工（単純な組立ては除く）なしに消費者の生活に使用できる製品、部品または付属品（電気用品は除く））の安全管理に関する事項を規定しています。

消費者が製品を取り扱う上で危険がおよぶ可能性がある製品を安全管理対象製品と定め、製品を供給する製造者や輸入業者などへ危険度に応じた安全品質管理を要求しています。

 対象となる物質は？

子供のための工業製品に共通の適用有害物質の安全基準[*2]の中で、14歳未満の子供が主に使用する製品の有害物質の許容基準が設定されています。この法律に規定されている生活用品の中でも、紙おむつや車輪付きスニーカーなどのように子供が使用することが明らかな製品のほか、皮革製品や繊維製品のような一般製品についても14歳未満の子供用の製品である場合は対象となります。さらに、子供が飲み込む可能性がある小さな磁石などの大きさの基準も規定されています。

なお、子供用製品安全特別法[*3]では、子供の定義は13歳未満としています。

■ 使用を制限される有害物質

有害物質		許容値	備考
鉛		300mg/kg以下	塗料と表面コーティングの場合、90mg/kg以下
カドミウム		75mg/kg以下	
ニッケル		溶出量は0.5mg/cm^2/week以下	皮膚に直接接触する金属製品に適用される。玩具、装飾、メガネフレーム、サングラス、衣類などに使用された金属製品
フタル酸可塑剤	DEHP	総合有量0.1%以下	子供が口に入れない製品はDEHP、DBP、BBPの合計0.1重量%、口に入れる製品はDEHP、DBP、BBP、DINP、DIDP、DnOPの合計0.1重量%
	DBP		
	BBP		
	DINP		
	DIDP		
	DNOP		

 何をしなくてはいけないの？

　この法律では電気用品と生活用品を４つの区分で規制しており、製造者または輸入業者には以下の対応が求められます。また、輸入中古電気用品を輸入しようとする者には、安全性を確認することが求められます。

　１）安全認証対象製品（製品群は管理規則別表３に収載）

　安全認証対象製品に含まれる電気用品と生活用品の製造者または輸入業者は、モデルごとに産業通商資源部令で定めるところにより、産業通商資源部長官により指定された安全認証機関の安全認証を取得する必要があります。さらに２年に１回の安全認証機関による定期検査と産業通商資源部令で定める自己テストを行い、その記録の作成と保管を行うことを求められています。主な対象製品として、電気用品では電線、遮断器、電気掃除機、一般的な照明器具など、生活用品では自動車用再生タイヤ、ガスライター、家庭用の圧力鍋などが該当します。

　２）安全確認対象製品（製品群は管理規則別表４に収載）

　安全確認対象製品に含まれる電気用品と生活用品の製造者または輸入業者は、

序章

第1章

第2章

第3章

第4章

第5章

第6章

第7章

電気電子製品以外の含有化学物質規制について

モデルごとに産業通商資源部令で定める安全確認試験機関による安全確認試験を受け、安全基準に適合したことを確認し、産業通商資源部長官に申告することが要求されています。主な対象製品として、電気用品では電気溶接機、ゲーム機器、テレビ、ノートパソコンなど、生活用品では充電池を除く電池、スケートボード、登山ロープなどが該当します。

3）供給者適合性確認対象製品（製品群は管理規則別表5に収載）

供給者適合性確認対象製品に含まれる電気用品と生活用品の製造者または輸入業者は、モデルごとに産業通商資源部令で定めるところにより、自ら製品試験を実施する、または第三者に製品試験を依頼して、その製品が安全基準に適合したことを自らで確認することが求められています。また、その内容を産業通商資源部長官に申告し、適合を証明する書類を保管する必要があります。主な対象製品としては電気用品では、電気精米機、電動ドアロック、ラジオ、スキャナなど、生活用品では皮革製品、サングラス、金属装飾品、家庭用繊維製品などが該当します。

4）子供の保護包装対象の生活用品（製品群は管理規則別表6に収載）

子供の保護包装とは、大人が開封することは難しくはないが、5歳未満の子供にとっては、一定の時間内に内容物を取り出しがたい設計をされた包装とされています。

生活用品の中で消費者が誤って飲んだり吸入する可能性があり、そのような事態が発生した場合に中毒などが懸念される製品で、産業通商資源部令で定めるものは、子供の保護包装の対象となります。子供の保護包装を使用した製造者または輸入業者は、その内容を児童保護包装対象の生活用品のモデルごとに産業通商資源部長官に申告することが要求されています。主な対象製品は、不凍剤と自動車用のウォッシャー液です。両製品ともに安全確認対象の生活用品にも該当します。

これも知っておこう！

電気用品と生活用品安全法は、火災・感電等の危険や障害の発生防止を目的として、電気用品の製造・販売・使用時等の安全管理に関する事項を規定しています。

交流電圧が50V以上1,000V以下の電気用品を以下の3分類とし、安全性確認を製造業者・輸入業者等に義務付けています。

序章

第1章

第2章

第3章

第4章

第5章

第6章

第7章

電気電子製品以外の含有化学物質規制について

（1）「安全認証対象電気用品」

型式ごとに安全認証機関による製品試験と工場審査を受けて安全認証を受けなくてはならない。電線および電源コードや電気機器用スイッチなど10製品群分類。

（2）「安全確認対象電気用品」

安全認証機関による製品試験を受ける必要があるが、工場審査と定期検査は不要。絶縁変圧器や家庭用電気機器など6製品群。

（3）「供給者適合性宣言対象電気用品」

製品試験を自社で行うことが可能である。情報・事務機器や照明機器など5製品群。

韓国国内で製造される製品には工場出荷前に表示を行い、外国で製造し国内に輸入される製品には通関前に表示を行うことが求められます。詳細の表示については、国家の技術標準院長が告示するところによるとされています。

■ 認証表示の絵柄

出典：電気用品と生活用品安全法施行規則［別表8］安全認証、安全確認、供給者適合性確認、子供の保護包装における表示方法

📖 参考情報

* 1　http://www.law.go.kr/%EB%B2%95%EB%A0%B9/%EC%A0%84%EA%B8%B0%EC%9A%A9%ED%92%88%EB%B0%8F%EC%83%9D%ED%99%9C%EC%9A%A9%ED%92%88%EC%95%88%EC%A0%84%EA%B4%80%EB%A6%AC%EB%B2%95/(13859,20160127)

* 2　http://www.law.go.kr/admRulInfoP.do?admRulSeq=2000000073834#AJAX

* 3　http://www.law.go.kr/lsSc.do?menuId=0&subMenu=1&query=%EC%96%B4%EB%A6%B0%EC%9D%B4%EC%A0%9C%ED%92%88#undefined

Q 韓国向けに製品を販売していますが、電気用品と生活用品安全法の認証に不備があった場合、罰則はどのようなものでしょうか。

A 電気用品と生活用品安全法では、第40条に罰則規定が定められています。罰則は違反の程度により1年以下の懲役または1千万ウォン以下の罰金、2年以下の懲役または2千万ウォン以下の罰金、3年以下の懲役または3千万ウォン以下の罰金に分類されています。また、より軽微な違反は第42条の過料を科せられることになります。

違反の内容は、対象製品区分ごとに細かく設定されていますが、以下のように整理することができます。

1）3年以下の懲役または3千万ウォン以下の罰金を科せられる違反の内容は、以下のとおりです。

・虚偽その他の不正な方法で認証や申請を行った者
・認証を受けずに対象製品の製造や輸入をした者
・変更の認証を受けていない者
・要求を満たさずに認証表示を行った者、または類似の表示を行った者
・安全検査を行わずに中古対象電気用品を輸入した者
・検査基準に違反して安全検査を行った者
・認証表示がない電気用品の販売や貸与を行った者、販売や貸与をする目的で輸入、陳列または保管した者（子供の保護包装対象の生活用品を除く）
・認証表示のない電気用品の販売の仲介を行った者、購入や輸入を代行した者

2）2年以下の懲役または2千万ウォン以下の罰金を科せられる違反の内容は、以下のとおりです。

・認証表示を勝手に変更した者、削除した者

3）1年以下の懲役または1千万ウォン以下の罰金を科せられる違反の内容は、以下のとおりです。

・虚偽またはその他の不正な方法で認証の免除を受けた者
・認証表示のない電気用品を使用した者
・子供の保護包装対象の生活用品に子供の保護包装を使用していない者
・子供の保護包装の表示がない子供の保護包装対象の生活用品を販売した者、販売する目的で輸入・陳列または保管した者

序章

第1章

第2章

第3章

第4章

第5章

第6章

第7章

　全体として各分類の電気用品に対する違反については、懲役刑を含めた厳しい罰則が規定されています。加えて認証を不正に行うことだけではなく、認証を行っていない製品を取り扱うことに対しても罰則の対象としています。

　また、第41条において両罰規定を設けており、法人の代表者または法人または個人の代理人、使用人、その他の従業員がその業務に関して第40条の違反行為をすると、その行為者を罰するほか、その法人または個人に対しても、その条文の罰金刑を科すとされています。したがって、法人だけではなく、業務として携わった個人にも罰則が及ぶ可能性が考えられるため、注意が必要です。ただし、法人または個人がその違反行為を防止するために、当該業務について相当の注意および監督を怠らなかった場合には、この限りではないとされています。

　このように製品の認証に不備があった場合、製品の販売に携わった者に対して厳しい罰則が与えられる可能性があります。罰則を受けないために、まずは自社の販売する製品が4つの管理区分のどれに該当するかを確認し、どのような手続きを行わなければならないかを正確に把握しておくことが重要です。

第5章

廃棄・リサイクル法について

EU：ELV 指令

「廃車に関する2000年9月18日の欧州議会及び理事会の指令2000/53/EC」（Directive 2000/53/EC of the European Parliament and of the Council of 18 September 2000 on end-of-life vehicles）[1]

ELV指令はEUにおいて2000年10月21日に公布され、その後のRoHS指令や電池指令に大きな影響を与えました。EUに上市する自動車について、製造者（含む輸入業者）・解体業者などを対象にしたリサイクルと特定化学物質の含有規制を要求している指令です。

 何のための規制？

この指令の目的には、次の２つがあります。

１．自動車からの廃棄物の発生を抑制すること

自動車からの廃棄物としての処分量を削減するために、廃車とその部品の再利用、リサイクル、その他の再生利用を行うこととしています。

２．環境上のパフォーマンスを改善すること

自動車のライフサイクル全体（設計段階から廃棄まで）を考慮して、廃棄処理にかかるすべての経済主体の環境上のパフォーマンスを改善するためのシステムを構築することを目指しています。

 対象となる物質は？

有害物質含有制限として、自動車の材料および部品に、鉛、水銀、カドミウム、六価クロムを非含有とする必要があります。最大許容濃度は、カドミウムは0.01重量％であり、その他の鉛、水銀、六価クロムは0.1重量％（EU RoHS指令と同じ値）となっています。第４条（予防）では、「自動車メーカーは、材料・機器メーカーと連絡をとり、自動車への有害物質の使用を制限し、自動車の着想から可能な限

EU：ELV 指令

序章

第1章

第2章

第3章

第4章

第5章

第6章

第7章

廃棄・リサイクル法について

り削減することで、特に環境への放出を防ぎ、リサイクルを容易にし、有害廃棄
物の処理の必要性を回避する」ことを求めており、サプライチェーンでの非含有を
求めています。ただ、現実的には第2項で、4物質について、最大許容濃度と附
属書Ⅱで特定用途の除外を認めています。

　しかしながら、ELV指令での「有害物質」の定義は、CLP規則（(EC) 1272/2008)
で有害と分類された物質で、カドミウムなどの4物質に限定していないことに留
意しなくてはなりません。

　これを受けて、サプライチェーン全体で自動車製品における特定の物質の使用
に関する情報交換を促進することを目的に、各国の自動車メーカー、サプライ
ヤー等で、申告物質や禁止物質を定めた化学物質のリストGADSL（Global
Automotive Declarable Substance List）*2を作成しています。

 # 何をしなくてはいけないの？

　この指令は、前出の特定有害物質の含有制限と自動車に関するリサイクルシス
テムの構築を要求しています。その適用対象となるのは、自動車指令（70/156/
EEC附属書Ⅱ）に定められたカテゴリーM1およびカテゴリーN1の自動車です。

・カテゴリーM1：運転席および8人以下の座席を含む乗客の運送に使用される
　4輪車両
・カテゴリーN1：物品の運送に使用され、最大重量が3.5トン以下の4輪車両

　自動車とその部品の製造者は、その設計の段階から有害物質の使用を削減し、
解体しやすい構造とし、再生利用を促進するように努めなければなりません。ま
た、この指令の附属書Ⅱ（適用除外リスト）に定める除外用途を除いて、2003年7
月1日以降にEU市場に上市される自動車部品に水銀、六価クロム、カドミウム、
鉛を最大許容濃度以下としなければなりません。除外用途を定める附属書Ⅱは、
科学と技術の進歩に応じて、定期的に見直しが行われています。

　また、リサイクルシステムの概要は次の図になります。

■ ELVリサイクルシステム

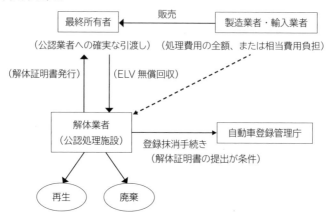

出典：経済産業省　資料（http://www.meti.go.jp/policy/recycle/main/data/oversea/pdf/09.pdf）をもとに執筆者が作成

　EU構成国は、廃車するすべての車と使用済み部品の回収制度を設置し、対象の
すべての自動車が認可された処理施設に送られ、解体証明書の提示によって登録
が抹消されるシステムを設けなければなりません。また、廃車時の最終所有者は、
無料で処分ができ、製造業者は、そのための措置のすべてまたはかなりの部分の
処理費用を負担しなければなりません。

　リサイクルシステムに関する主なポイントは下記のとおりです。
　・対象のすべての廃棄自動車が公認処理施設に引き渡されることを保証するこ
　　と
　・処理施設は、所管官庁の許可取得または登録を義務付けること
　・最終所有者に負担をかけない廃棄自動車の回収を保証すること

これも知っておこう！

　RoHS指令（2011/65/EU）の第2条4項（a）〜（k）には適用が除外される11製品
群が規定されており、そのうちの1つに輸送用機器（人または貨物のための輸送手
段）があります。適用除外である輸送用機器には自動車も含まれますので、電気電
子機器やそのスペアパーツやケーブル類などについては、自動車に搭載されて上
市される場合には、RoHS指令の適用が除外される製品に該当します。ただし、そ

EU：ELV指令

序論

第1章

第2章

第3章

第4章

第5章

第6章

第7章

廃棄・リサイクル法について

の商品そのものが単体として上市される場合、または、同一部品が他の電気電子機器に組み込まれる場合にはRoHS指令の適用対象となりますので注意が必要です。

ELV指令は、公布後に15度の改正*3が行われています。ELV指令はRoHS指令と特定有害物質、最大許容濃度とその分母や用途の除外などが類似しており、改正情報は相互に影響しています。

2020年3月の附属書IIの改正では、「8（e）高融点はんだに含まれる鉛（鉛含有率85重量%以上)」は2024年に見直す改正がされました。また、「14 吸収式冷蔵庫に使用される炭素鋼冷却システムの防錆剤として冷却溶液に含まれる0.75重量%までの六価クロム」は、平均使用電力が75W未満は2020年1月1日より前に型式認可された車両とそのスペアパーツは除外されます。75W以上電気式ヒータは2026年1月1日より前に型式認可された車両とそのスペアパーツは除外されます。

附属書IIのEntry 8(e) および14は、ともにRoHS指令の附属書IIIと同じ項目があり、2021年7月21日のRoHS指令の附属書IIIの見直しに影響を与えると思われます。

📖 参考情報

* 1　http://eur-lex.europa.eu/legal-content/EN/TXT/PDF/?uri=CELEX:32000L0053&qid=1504748753236&from=EN

* 2　http://www.gadsl.org/

* 3　https://eur-lex.europa.eu/legal-content/EN/TXT/?uri=CELEX:02000L0053-20200306

Q GADSL（Global Automotive Declarable Substance List）について教えてください。

A GADSLは、自動車サプライチェーンのメンバーで組織されたグローバル自動車関係者グループ（Global Automotive Stakeholder Group: GASG）が作成している申告物質や禁止物質などを規制した化学物質のリストです。2005年4月に初めて公開されました。GADSLは、製品の安全性と環境保護の高い基準を達成するために、毎年2月に更新されることになっています。

GADSLには1万超の物質が収載されています。

このリストは下記の12項目の構成となっており、ガイダンス文書*¹に解説があります。

1）物質番号：Substance Index number、2）物質名：Substance name、
3）CAS No、4）分類：Classification、5）含有目的コード：Reason code、
6）出典：Source、7）発効日：Effective Date（法的要件：Legal requirements、規制：regulations）、8）必要行動：Action required、9）一般例：Generic examples、10）閾値：Threshold、11）初回追加日：First added、12）最近改訂日：Last revised

以下、概要を説明します。

4）の分類では化学物質の規制を以下の3つのレベルに分けています。
・P（Prohibited 禁止）：すべての用途において禁止
・D（Declarable 申告）：閾値を超えて使用する場合は申告が必要
・D/P：使用目的によっては禁止、その他については申告が必要

5）の含有目的コードでは、なぜ化学物質がGADSLに含まれているのかを説明する理由を以下の3つに分けています。
・LR（Legally Regulated）
車両の部品や材料での使用が健康や環境に重大な危険をもたらすため、法的に規制されている物質
・FA（For Assessment）

EU：ELV 指令

序章

第1章

第2章

第3章

第4章

第5章

第6章

第7章

廃棄・リサイクル法について

　GASG運営委員会の決定により、政府機関によって今後規制されると予測される物質。

　・FI（For Information）

　GASG運営委員会の決定により、情報提供のみを目的として追加している物質。

　7）の発効日はその物質の制限が効力を発する日ですが、そのための行わなければならない行動が8）の必要行動として記述してあります。

　9）の一般例では、典型的な物質の用途の例を例示的に示しています。

　10）の閾値については、別段の記載がないかぎり、デフォルトの含有率閾値は0.1％（重量％）となっています。

　製品に使われている材料に関する情報を調査・報告する対象物質がGADSL収載物質で、サプライチェーンからの報告ツールがIMDS（International Material Data System）です。

　IMDSは欧米の自動車会社とドイツ自動車工業会が中心となって開発したシステムですが、日本ではJAMA（Japan Automobile Manufacturers Association, Inc.：日本自動車工業会）シートも利用しています。JAMAシートは2020年10月1日からJAPIA統一データシートになりました。

　JAMAシートを使っているのは日本だけで、このため、業界全体としてIMDSに移行しています。

　JAPIA統一データシートは、日本の自動車会社は利用しませんが、サプライチェーン間の伝達ツールとして残ります。

参考情報

＊1　https://plastics.americanchemistry.com/2016-GADSL-Guidance-Document.pdf

EU：電池指令

「電池及び蓄電池並びに廃電池及び廃蓄電池に関する、指令91/157/EECを廃止する2006年9月6日の欧州議会及び理事会の指令2006/66/EC」（Directive 2006/66/EC of the European Parliament and Council of 6 September 2006 on batteries and accumulators and waste batteries and accumulators and repealing Directive 91/157/EEC) [*1]

　2006年9月6日に制定され、その後改定が続きましたが、直近の改正は2018年6月14日です。EU市場で使用されるすべての電池・蓄電池のライフサイクルに関与するあらゆる経済的事業者を対象に、適用除外もありますが、リサイクルと特定化学物質の含有規制を要求している指令です。

 何のための規制？

　この指令は、電池・蓄電池の環境上のパフォーマンスを改善し、電池・蓄電池のライフサイクル全体（設計段階から廃棄まで）に関わるすべての者（生産者、流通業者、処理・リサイクルにかかる事業者）の活動の環境上のパフォーマンスを改善することを目的としています。そのために、電池・蓄電池のEU市場への上市に関する規則と、関連するEU法令を補完し、高い水準の回収とリサイクルを促進する廃電池・廃蓄電池の回収、処理、リサイクル、処分に関する規則を定めています。

 対象となる物質は？

　対象となる特定有害物質は、水銀、鉛およびカドミウムです。水銀は0.0005重量％、鉛は0.004重量％、カドミウムは0.002重量％が規制値となっています。

序章

第1章

第2章

第3章

第4章

第5章

第6章

第7章

廃棄・リサイクル法について

 何をしなくてはいけないの？

1．電池・蓄電池のEU市場への上市に関する規則

1）販売禁止となる電池

・機器に内蔵されている電池を含め、水銀含有率が0.0005重量％を超える電池（ボタン電池含む）。

・機器に内蔵されている電池を含め、カドミウム含有率が0.002重量％を超える携帯型電池。

ただし、非常灯を含む緊急時対応および警報システムと医療機器の携帯電池および蓄電池は除かれます。

2）販売時のラベル表示

・すべての電池・蓄電池（二次電池）、電池パックには分別回収のためのシンボルマーク（crossed-out wheeled bin）の表示が必要です。（下記図参照）

・水銀は0.0005重量％、鉛は0.004重量％、カドミウムは0.002重量％が規制値となっていますが、この規制値を超えて含有する場合、シンボルマークの下に該当する元素記号を記載する義務があります。これは、軍事用および宇宙用は適用されないことが背景にあります。

■ 規制化学物質を含有しない場合　　　　■ 規制値を超える場合(カドミウムの例)

Cd

出典：前述＊1のEU電池指令附属書Ⅱより

・シンボルマークは電池への表示が0.5cm×0.5cm以上が原則とされていますが、

電池本体に表示できない場合のみ消費者向けの包装容器に1cm×1cm以上で表示してもよいとされています。

2．廃電池・廃蓄電池の回収、処理、リサイクル、処分に関する規則

各加盟国は、分別回収を促進し、使用済み電池・蓄電池が分別されずに家庭廃棄物として廃棄されないように、必要なあらゆる措置を取ることが求められています。

1）上市された日付にかかわらず、あらゆる使用済み電池・蓄電池の回収・リサイクルに関わる費用は、生産者が負担しなければなりません。

2）生産者は、利用可能な最高の技術を用いたリサイクル計画を設定しなければなりません。産業用・自動車用の電池・蓄電池は、詳細な環境的、経済的および社会的影響評価に基づいて、埋立てまたは地下貯蔵による処分がリサイクルより好ましいと立証できれば、埋立てまたは地下貯蔵の処分ができます。

3．生産者の義務

電池・蓄電池の生産者はすべて登録されなければならず、生産者は、上記に示した回収、処理、リサイクルの費用の負担に加えて、これらの制度を公衆に知らせる費用も負担しなければなりません。すべての電池・蓄電池は、分別回収のために附属書Ⅱの定めるシンボルマーク（crossed-out wheeled bin）の表示が要求されています（前出図参照）。

電池指令の主な目的の1つに、電池・蓄電池のリサイクル推進の強化があります。第11条に、「生産者は廃棄電池・蓄電池を容易に取外しが可能なように機器を設計し、安全に取り外す方法等の指示書を添付する義務がある。」とあります。ただし、恒久的な接続が必要な場合は適用されません。WEEE指令でも回収したWEEEから電池を取り外して本指令で処理することが要求されます。

 # これも知っておこう！

リチウムイオン電池を使用した「携帯用充電器」が発火する事故が頻繁に発生しています。特に空輸する場合はリスクが高いので、リチウムイオン電池の空輸に関する国際規則が改訂されました（国際航空運送協会*2（International Air Transport Association：IATA）危険物規則書第56〜58版）。2016年4月1日より新

EU：電池指令

序章

第1章

第2章

第3章

第4章

第5章

第6章

第7章

廃棄・リサイクル法について

規則への準拠が義務付けられています。特に、マーキングとラベルに関して、変更になっています。

　マーキングに関しては、旧来のリチウムイオン電池取扱ラベルに代わるリチウムイオン電池マーク（新規に規定）をすべての包装物（適用除外あり）に貼付しなければなりません。

　また、ラベルに関しては、リチウムイオン電池のみに適用される危険性ラベルが新規に規定されました。

📖 参考情報

＊1　https://eur-lex.europa.eu/legal-content/EN/TXT/?uri=celex:32006L0066

＊2　http://www.iata.org/Pages/default.aspx

　　　http://www.iata.org/whatwedo/cargo/dgr/Pages/lithium-batteries.aspx

Q　電池指令とWEEE指令・RoHS指令・ELV指令の関係を教えてください。

A　各指令間の関係は下記のようになっています。

1．電池指令とWEEE指令

　電池指令は、EU市場に上市されたすべての電池・蓄電池に適用されます。ただし、WEEE指令に、電池・蓄電池に適用される特定の規定がある場合は除きます。WEEE指令で対象となる電気電子機器（EEE）で使用される電池・蓄電池も基本的には含まれることになります。WEEE指令に基づいて回収された廃電気電子機器（WEEE）に組み込まれた電池・蓄電池は、回収後に、WEEE指令の第8条：適切な処理（2）および附属書Ⅶに従い、それらを電気電子機器から取り外さなければなりません。取り外したこれらの電池・蓄電池は、電池指令に沿って、必要に応じてリサイクルする必要があります。

　また、電池指令の第12条（処理とリサイクル）第3項にも下記の記載があります。

　「電池または蓄電池は、WEEE指令（2002/96/EC）に基づいて廃棄電気電子機器とともに収集される場合は、回収された電気電子機器の廃棄物から取り外さなければならない。」

2．電池指令とRoHS指令

　含有制限がされる特定化学物質は、RoHS指令では水銀・カドミウムやフタル酸エステル類など10物質、電池指令では電池に鉛・水銀・カドミウムの3物質が対象となっています。

　電池指令の前文第29文節に、「RoHS指令（2002/95/EC）は電気電子機器に使用される電池と蓄電池には適用されない」と記載されています。

　改正RoHS指令（2011/65/EU）の前文第14文節で電池指令を除くことを明記しています。

　すなわち電気電子機器に使用される電池にはRoHS指令は適用されず、電池指令が適用されます。

序章
第1章
第2章
第3章
第4章
第5章
第6章
第7章

廃棄・リサイクル法について

3．電池指令とELV指令

　電池指令はEU市場に上市された自動車の電池・蓄電池を含むすべての電池・蓄電池に適用されますので、ELV指令で対象としている特定のカテゴリーの車両に含まれる電池などの部品も対象となります。

　ただし、WEEE指令と同様にELV指令に、電池・蓄電池に適用される特定の規定がある場合は除きます。

　また、特に注意が必要な点はEU運営条約（TFEU：the Treaty on the Functioning of the European Union）第114条および第192条の適用の相違です。

　電池指令、WEEE指令、ELV指令はEU運営条約第192条が適用されているので、構成国が国内法を制定する際に、国内の情勢を踏まえて、指令よりも厳しい条件を付けることができる点です。電池の回収方法やリサイクル率などは各国で異なる可能性があるので確認する必要があります。なお、RoHS指令は、EU運営条約第114条適用ですので、各国での規制値などは同じになります。

EU：WEEE指令

「2012年　電気電子機器の廃棄に関する改正指令」
(Directive 2012/19/EU waste electrical and electronic equipment) ＊1

EU WEEE指令は、廃電気電子機器の発生・管理に伴う環境と人の健康への悪影響の抑制を目的に、製品ライフサイクルの各段階での適切な設計や処理を要求する指令として2003年に発効、2012年に改正されました。

 何のための規制？

この指令の目的は、廃電気電子機器の発生・管理に伴う環境・人の健康への悪影響の抑制です。この目的達成のため2つのアプローチが採られています。

1）資源の利用効率改善

この指令は「廃棄物枠組み指令」を補足する指令として位置付けられています（前文第4節）。廃棄物枠組み指令（2008/98/EC）第4条が定める廃棄物ヒエラルキーに従って、資源の利用効率を改善するために必要な措置を定めています。廃棄物ヒエラルキーによる優先順位は、1）発生抑制（prevention）、2）再使用のための準備（preparing for re-use）、3）再生利用（recycling）、4）その他の再生（other recovery）、5）処分（disposal）の順です。

上記1.のアプローチで対象になるのは、電気電子機器です。2018年8月14日までの移行期間では、附属書Ⅰに記載されている10カテゴリーの製品でした。附属書Ⅱにはそのカテゴリー別に製品が例示されています。2018年8月15日以降は6つの分類に簡素化されましたが（附属書Ⅲ、Ⅳ）、一部の例外を除いてすべての電気電子機器が対象となります。軍事・宇宙用機器等が適用除外になっています（第2条3項、4項）。

2）危険有害物質に関する情報提供

消費者や再生・処分のための処理（treatment）を行う施設に対して、危険有害物質等に関する必要な情報を提供することを生産者に義務付けています。

EU：WEEE指令

序章

第1章

第2章

第3章

第4章

第5章

第6章

第7章

廃棄・リサイクル法について

　WEEE指令は、TFEU第192条（環境政策の措置及び行動計画）1項の立法手続き
で制定されています。

　第192条1項の要求は、第191条（環境政策の目的及び原則）2項による「EUの環
境政策は、連合のさまざまな地域における状況の多様性を考慮に入れて、高水準
の環境保護を目指す」となっています。

　この規定により、WEEE指令は、加盟国で国内法を制定して運用をしますが、
加盟国の状況により規制事項を設定できます。日本の環境法における都道府県条
例の「上乗せ」「横出し」のイメージです。

　したがって、WEEE指令は各加盟国により、若干の規制内容が異なりますので、
輸出先ごとに規制内容を確認する必要があります。

　ドイツとフランスの国内法の主要事項の差異を確認してみます。

　（1）ドイツのWEEE法は「電気電子機器の上市、返却、および環境に配慮した
廃棄に関する法律」です。[2]

　＜第6条　登録義務＞

　製造業者（含む輸入者）は、電気電子機器を上市する前に、第8条で認可された
認可代理人により機器の種類と商標に関して所管官庁に登録する義務を負う。

　＜第8条　認可代理人を任命する義務＞

　輸入者は、1人の認可代理人のみを任命することができる。

　＜第7条　ファイナンス保証＞

　第37条による廃棄物の処理に資金を提供するのに適したシステムへの参加が可
能である。

　＜第9条　ラベル＞

　附属書Ⅲのラベル（ゴミ箱に×マーク：EN 50419 Crossed-out wheeled bin）を上市
前に貼付するものとする

　（2）フランスのWEEE法は「環境コード」に組み込まれ、第10節に電気電子機
器に関する規定があります。[3]第10条はRoHS指令のCEマーキング関連の要求も
あります。

　＜第R543-180条＞

　家庭用電気電子機器の販売の場合、販売業者は、遠隔販売の場合を含めて使用

済みの電気電子機器を消費者から無料で引き取る。

　400m²以上の電気電子機器専用の販売エリアを持っている場合、販売業者は、非常に小さい寸法（すべての外形寸法がすべて25cm未満）は無料で引き取る。

　＜R543-181条＞

　電気電子機器のカテゴリとサブカテゴリごとに、生産者は上市した家庭用廃電気電子機器の収集する必要がある。

　１．個別の廃棄物収集システムを構築する。（または）

　２．承認されたエコ組織によって設定された収集システムに参加し、エコ組織に資金を提供する。

　ドイツとフランスでは、基本的内容は同じですが、微妙な差異があります。

対象となる物質は？

　前記「２）危険有害物質に関する情報提供」のアプローチで対象となる物質は、CLP規則により危険有害物質（hazardous substances）と分類された物質です（第2章「EU:CLP規則」参照）。

何をしなくてはいけないの？

　この指令では、大きく２つに分けて、「製品のライフサイクルのそれぞれの段階において求められる事項」（第４条～第11条）と「製品のライフサイクルを円滑に運用するために求められる事項」（第12条～第17条）が規定されています。これらのうち、生産者に求められている主な要求事項は以下のとおりです。

１．設計段階の配慮（第４条）

　生産者は、設計段階でErP指令（Ecodesign requirements for energy-related Products：エコデザイン指令）（2009/125/EC）の要求に準拠した環境に配慮した設計を行うことが求められています。一部ですが、実施規則が制定され、その基準でCEマーキングが要求されています。

　2020年３月11日に発表された「新循環経済行動計画」*⁴でエコデザインの見直

序章

第1章

第2章

第3章

第4章

第5章

第6章

第7章

廃棄・リサイクル法について

しが示されています。基本は製品を延命させることであり、修理できる設計が求められています。

2．適切な処理（第8条）

　生産者は単独でまたは他の生産者と共同で、廃電気電子機器の適切な処理のためのシステムを構築することが求められます。適切な処理の内容は、すべての液体の除去や、附属書Ⅶに列挙されている物質等（コンデンサー中のPCB/PCT、スイッチ等の部品中の水銀等）の除去のような選別的処理が含まれます。

3．再生率目標（第11条）

　生産者は、附属書Ⅴに示されている再生率の最低目標を達成することが求められます。最低目標は期間と製品分類ごとに設定されていますが、例えば2018年8月15日以降の附属書Ⅰに示されているカテゴリー1に分類される大型家庭製品であれば、再使用のための準備と再生利用の合計で80％、再生全体で85％となっています。

4．回収等のコスト負担（第12条、第13条）

　生産者は、廃電気電子機器の回収、処理、再生、処分にかかるコストを負担することが求められています。ただし、一般家庭以外から出た廃電気電子機器については、生産者が負担することが原則ですが、生産者と使用者の合意によって負担を定めることができます。

5．消費者への情報提供（第14条）

　生産者は、一般家庭の使用者に、電気電子機器に含まれる環境と人の健康に影響を与える危険有害物質の潜在的な影響情報やその他の情報を提供することが求められています。提供方法は、「取扱説明書に記載」もしくは「販売時に情報提供」などから選択します。危険有害物質に関して提供すべき情報は、「含有の有無」ではなく、「潜在的な影響」です。生産者は、常に含有化学物質を確認し、製品の用途から潜在的な影響を確認しておくことが必要となります。

　また、分別回収を促進するため、加盟国は国内法でEN50419の表示を義務化することが求められています。EN50419では、附属書Ⅸのマークの下に、黒い長方

形が付いており、黒い長方形は、電気電子機器が2005年8月13日以降に流通した
ものであることを示しています。黒い長方形がないシンボルマークを使用する場
合には、日時の記載方法に関する欧州規格EN28601により、製品の製造・上市日
（the date of manufacture/put on the market）を付け加えなくてはなりません。

■ 分別回収を促進するためのシンボルマーク

ここに黒いバーを入れる

出典：附属書IXのマークをもとにEN50419のイメージとして作成

EU：WEEE指令

序章
第1章
第2章
第3章
第4章
第5章
第6章
第7章
廃棄・リサイクル法について

6．処理施設への情報提供（第15条）

　生産者は、再生・処分のための処理を行う施設に対して、電気電子機器に含まれる危険な物質・混合物の位置情報等の情報を、マニュアルを作成するなどして提供することが求められます。

7．登録（第16条、第17条）

　生産者は、販売しようとする加盟国において、自身もしくは指定代理人（authorised representative）を登録することが求められます。登録内容としては、名前・住所のほか、租税番号等のIDコード、製品カテゴリー、ブランド名等です。EU域外の事業者がインターネット等により直接EU域内で販売する場合には、指定代理人を選任する必要があります。指定代理人はその加盟国における生産者の義務を履行する責任を負います。

 これも知っておこう！

　設計段階の配慮（第4条）の具体的な要求内容は、廃電気電子機器を再使用したり、分解や再生することを容易にするような設計を採用することです。ErP指令の枠組みで確立された、廃電気電子機器の再使用と処理を容易にするために要求されるエコデザイン（環境配慮設計）が求められ、独自の形状や生産工程を採用することによって再使用が妨げられないように配慮することが求められています。

参考情報

＊1　https://eur-lex.europa.eu/legal-content/EN/TXT/?uri=CELEX:02012L0019-20180704

＊2　https://www.gesetze-im-internet.de/elektrog_2015/

＊3　https://beta.legifrance.gouv.fr/codes/section_lc/LEGITEXT000006074220/LEGISCTA000006177001/#LEGISCTA000006177001

＊4：https://ec.europa.eu/environment/circular-economy/index_en.htm

Q 部品・アンテナ・ケーブル・インクカートリッジはこの指令の対象になるのでしょうか？

A この指令の対象となる電気電子機器は第3条第1項（a）で定義している電気電子機器で、「電流もしくは電磁界の作用によって動作する機器および電流もしくは電磁界を発生、伝送、計測する機器であって、交流では1,000ボルト、直流では1,500ボルト以下で使用されるもの」です。また、第2条第3項、第4項で指定されている適用除外項目は、以下のとおりです。

（a）加盟国の重要な安全保障上の利益の保護のために必要な機器

特に、軍事目的での使用を意図する武器、軍需品及び軍需物資を含む

（b）本指令の適用除外または本指令の適用範囲外の他の機器の一部として特別に設計され、据え付けられる機器で、その機器の一部としてのみその機能を発揮するもの

2018年8月15日から前記に以下が追加されました。

（a）宇宙に送られるために設計された機器

（b）大型固定式工具

（c）大型固定設備

これらの設備の一部として特別に設計され、据付された機器以外は除く

（d）人または物品用の輸送手段

型式認証されていない電動二輪車は除く

（e）プロだけが利用可能なノンロード移動式機械

（f）企業対企業ベースだけで利用できる研究開発専用に特別に設計された機器

（g）医療機器及び体外診断用機器で、耐用年数に達する前に、感染が予想される機器及び能動型埋込医療機器

この定義に当てはまり、かつ適用除外でないものであっても、他の電気電子機器の一部を構成するような製品の場合には、個別に判断する必要が生じます。

【部品】

部品は、電気電子機器を正しく作動させるために構成・組み立てられた各種の構成物であり、幅広い品目が含まれます。部品が電気電子機器と分離されて、電気電子機器の製造もしくは修理の用途で上市されている場合、その部品自体が独

EU：WEEE指令

序章

第1章

第2章

第3章

第4章

第5章

第6章

第7章

廃棄・リサイクル法について

立した機能を持たないかぎり、この指令の対象にはなりません。しかしながら、組み立てられたときに電気電子機器になる部品の集合が、「組立て部品一式」として販売される場合には、この指令の対象となる電気電子機器に当てはまります（例：リモコン式電動ヘリコプターの組立て部品一式）。

【アンテナ・ケーブル】

　電流や電磁界の伝送に用いられるアンテナやケーブルは、第3条第1項（a）に定める電気電子機器の定義に当てはまり、一般的にはこの指令の対象となります。しかしながら、他の電気電子機器の部品であるケーブル（内部に組み込まれてずっと固定されているもの、外から接続され取外し可能なものでもその電気電子機器の利用のために常にセットになって梱包、出荷、販売されるもの）は、この指令の対象にはなりません。他の電気電子機器の部品としてではなく、独立して上市されているケーブルは、この指令の対象となる電気電子機器に当たります。

【インクカートリッジ】

　プリンターのインクカートリッジは、それが電気的なパーツを含み、電流もしくは電磁界の作用によって正しく機能するものであれば、この指令の対象となる電気電子機器に当たります。インクカートリッジが、単にインクとその入れ物から構成されていて、電気的なパーツを含んでいないものであれば、この指令の対象にはなりません。ただし、廃電気電子機器と一緒に廃棄される場合は、WEEE指令の対象となります。

EU・米国：包装材規制

EU：「包装及び包装廃棄物に関する指令」(EU:Directive 94/62/EC) *¹
米国：「包装材に関する重金属規制」(州法例：Toxics in Packaging) *²

包装及び包装廃棄物に関する指令（包装材指令）は1994年12月にEUで施行され、直近では2018年6月14日に改定されました。

EUでは、持続可能な成長戦略として「グリーンディール」*³を2019年12月11日に制定し、新たな製品のライフサイクル全体に沿った取組みとして「新循環経済行動計画」*⁴を2020年3月11日に発表しました。

「新循環経済行動計画」により、レジ袋有料化に代表される「使い捨て」文化の変革が進み、包装材指令も改定される見込みです。

米国では、北東部8州が合同で設立した米国北東部州政府連合（CONEG*⁵）が作成した包装材規制法のひな型 (the Model Toxics in Packaging Legislation) をベースにして、各州が法制化しています。

8州以外でも、モデルにより法制化しています。モデル州法は、水銀、カドミウムおよび六価クロムの合計濃度は100ppm以下を要求していますが、梱包材または梱包材料が法律の発効日前に製造されていた場合リサイクル包装材の適用除外があります。

なお、包装材規制の基本は連邦法の資源保護回復法（Resource Conservation and Recovery Act (RCRA) *⁶）です。

何のための規制？

EUにおける指令の目的は、包装材および包装廃棄物による汚染防止と抑制ならびに包装廃棄物の回収・再生・リカバリーシステムを構築し、リカバリー率およびリサイクル率を向上させることです。

米国における規制も同様に包装材による汚染の防止と抑制のために、重金属の

EU・米国：包装材規制

序章
第1章
第2章
第3章
第4章
第5章
第6章
第7章
廃棄・リサイクル法について

含有量が定められています。

 ## 対象となる物質は？

　該当する物質は、EU、米国ともに4種類の重金属（鉛、カドミウム、水銀、六価クロム）で、規制濃度は、規制対象物質の合計が100ppm（重量比）以下となっています。

　EU RoHS指令やELV指令では含有化学物質の最大許容濃度は均一材料重量比となっていますが、包装材規制は、包装材または包装材部品のそれぞれの重量に対する重量比であるという違いがあります。

　ここでいう包装材部品とは物理的に分解できる程度の単位で、例えば粘着剤テープは基材と粘着層に分ける必要はありませんが、段ボールに接着している場合は段ボールとテープに分けて算出する必要があります。

 ## 何をしなくてはいけないの？

　EUおよび米国に製品を輸出する場合は、包装材についても、前述した4種類の重金属の濃度が、総重量に対して100ppm以下である必要があります。

　包装材の定義はEU、米国ともほぼ同様に幅広い範囲となっており注意が必要です。

　EUでは、「原材料から加工品に至るまでの物の封入、保護、取扱い、配達および贈呈のために使用されるあらゆる性質のあらゆる材料によって作成された製品を意味し、同じ目的で使用される「ワンウェイ（Non-returnable）品目も容器包装とみなす」としています。

　容器包装の判断基準は、以下の3つがあります。*4

【基準1】容器包装がもつ容器包装以外の機能を侵害することなく、その品目が上記の容器包装の定義を満たすものを容器包装とします。

　製品に不可欠な一部ではなく、製品の使用の全期間において製品を包み、製品とともに廃棄されるものでないこととしています。

　例：ティーバッグやソーセージの皮は容器包装ではありません。

　【基準２】販売時点に製品を包むものであり、販売時にともに販売、包装（または包装することを目的とした）使い捨て品は、包装機能のある容器包装とみなします。

　【基準３】容器包装の構成要素および容器包装と一体化する付属品は容器包装の一部とみなします。

　製品に不可欠な一部ではなく、そのすべての製品がともに消費、廃棄されるものではないもののうち、製品に直接添付される付属物であり、容器包装の機能をもつものは容器包装とみなします。

　例えば容器包装となるものとしては、商品に直接貼り付けられるラベルがあります。容器包装の一部となるものは、ほかの容器包装を束ねるための粘着テープ、ホチキスの針、プラスチックのCDジャケットなどがあります。

　米国における包装材の定義は、キャリングケース、木枠、カップ、ペール缶、硬質ホイルおよびその他のトレイ、包装紙および包装フィルムやバッグおよびチューブなどの非密封容器も含め、パッキング材、インク、染料、絵の具、粘着材、揺れ防止材などと定められています。

　米国では、生産者、包装材サプライヤーは顧客の要望により「Certificate of Compliance（適法証明書）」を発行する義務があり、この義務は実際に製品をパッケージする生産者に適用されます。小売店や消費者には適用されません。

　米国の包装材規制の基本は連邦法のResource Conservation and Recovery Act（RCRA：資源保護法）です。

　州はひな形法により、州法を制定しますが、確認できている州は、カリフォルニア州、コネチカット州、アイオワ州、ミネソタ州、ニューヨーク州、ニュージャージー州、ロードアイランド州およびワシントン州です。

　すべての州がモデル法律に提供されたリサイクル包装材の適用除外などの控除を採用するというわけではなく、いくつかの場合、控除が採用されましたが、期限が切れたことに注意することが重要です。

　典型的な控除は以下のとおりです。

　・州法発効前に製造されている

　・リサイクル材である

　・可能な代替手段がない

EU・米国：包装材規制

序章
第1章
第2章
第3章
第4章
第5章
第6章
第7章

廃棄・リサイクル法について

・許容濃度レベルを超えているが、再生材である

 これも知っておこう！

　包装に使用される材料の量は継続的に増加しており、2017年にEUの包装廃棄物は過去最高の住民1人当たり173kgの記録に達しました。このため、2030年までに経済的に実行可能な方法で再利用可能またはリサイクル可能であることを保証するために規制が見直されました。

　2018年7月4日に指令（EU）2018/852*⁴により、2025年12月31日および2030年12月31日までのリユースおよびリサイクル率目標が改正されました。

■ 包装材のリユースおよびリサイクル率の目標

リユース、リサイクル率（重量%）	2025年12月31日まで	2030年12月31日まで
全包装材	最低65%	最低70%
包装容器材料別		
・プラスチック	50%	55%
・木材	25%	30%
・鉄鋼	70%	80%
・アルミニウム	50%	60%
・ガラス	70%	75%
・紙・段ボール	75%	85%

📖 参考情報

* 1 https://eur-lex.europa.eu/legal-content/EN/TXT/?uri=CELEX:01994L0062-201
80704

* 2 https://apps.leg.wa.gov/RCW/default.aspx?cite=70.95G

* 3 https://eur-lex.europa.eu/legal-content/EN/TXT/?qid=1588580774040&uri=C
ELEX:52019DC0640

* 4 https://eur-lex.europa.eu/legal-content/EN/TXT/?uri=celex:32018L0852

* 5 http://www.coneg.org/

* 6 https://www.epa.gov/rcra

EU・米国：包装材規制

序章
第1章
第2章
第3章
第4章
第5章
第6章
第7章
廃棄・リサイクル法について

Q 　包装に用いる木箱に釘を使用しています。EU包装材規制における「重量比100ppm」は、釘単体に対しても適用されるのでしょうか？

A 　木箱の釘については「容器包装の一部」とみなされて、釘単体として適用されます。包装及び包装廃棄物に関する指令（94/62/EC）の第11条に、鉛、カドミウム、水銀、六価クロムの許容含有量に関する規定があります。

　対象は「容器包装」および「容器包装の構成要素」に対して適用されますので、容器包装を構成する各部材ごとに定められた重金属の合計を100ppmを超えないようにする必要があります。

＜木箱の釘についての補足＞

　2004年に公布された包装廃棄物の改正指令2004/12/EC[1]で、容器包装の定義が修正されました。

　この第3条1項の修正定義により、容器包装の構成要素および容器包装と一体化する付属物は「容器包装の一部」となっています。

　附属書Ⅰには、「容器包装の一部となるもの」として、粘着テープやホチキスの針などが例示されています。

　輸送などに用いられる木箱やパレットなどは容器包装となり、それに用いられる釘は、「容器包装の一部となるもの」と考えられます。

　釘に関しても包装材全体に対しての重金属の含有制限ではなく、構成要素としての「釘」単位で100ppmの重金属の含有制限が適用されます。

　なお、包装および容器にはREACH規制が適用され、包装・保護されている製品とは別の成形品としてREACH規制の要求を満たす必要があります。その際、包装材を構成する異なる機能を持つ部材は、それぞれ個別の成形品とみなされ、REACH規制の適用を受けます。

参考情報

[1]　https://eur-lex.europa.eu/resource.html?uri=cellar:f8128bcf-ee21-4b9c-b506-e0eaf56868e6.0004.02/DOC_1&format=PDF

シップリサイクル条約

「2009年の船舶の安全かつ環境上適正な再生利用のための香港国際条約」
（The Hong Kong International Convention for the Safe and Environmentally Sound Recycling of Ships、2009）[1]

　　この条約は2009年5月15日に香港で採択された国際条約で、この条約が発効した後、国内の船主と造船所ならびに部材などの供給者などはこの条例に対応する必要があります。

 何のための規制？

　船舶の海岸での解体作業によって引き起こされる事故、けがやその他人間への健康および環境への悪影響を防止し、低減し、最小化し、また、船舶のライフサイクル全体にわたって船舶の安全、人間への健康および環境の保全を増進させること（第1条第1項）を目的として、2009年5月、香港で行われた外交会議で採択されました。

 対象となる物質は？

　条約の附属書の附録1および附録2で対象となる有害物質を規定しています。
　附録1では、船舶への新規搭載が禁止される物質を定めており、対象物質としては、
　1）アスベスト
　2）ポリ塩化ビフェニル（PCB）
　3）オゾン層破壊物質
　4）殺生物剤として有機スズ化合物を含む防汚剤（閾値としてスズの含有量が2,500mg/kg）
の4物質です。
　3）のオゾン層破壊物質については「閾値なし」としているため、含有すること

シップリサイクル条約

序章
第1章
第2章
第3章
第4章
第5章
第6章
第7章

廃棄・リサイクル法について

が確認されたものは、船舶への新規搭載が禁止されます。

　例外として、オゾン層破壊物質の一種である一部ハロゲン化されたクロロフルオロカーボン（HCFCs）の新規搭載は2020年1月1日まで認められていました（モントリオール議定書と同じ）。

　附録2では、条約発効後に建造契約を結んだ船舶について、さらに部材や機器に含まれる有害物質の種類、概算量、使用部位等を記載し、作成が必要となる一覧表（インベントリ）の対象物質が定められています。

　対象となる物質は、先に述べた4物質に加えて、次の9物質が追加されます。

	物質名	閾値
1	カドミウムおよびカドミウム化合物	100mg/kg
2	六価クロムおよび六価クロム化合物	1,000mg/kg
3	鉛および鉛化合物	1,000mg/kg
4	水銀および水銀化合物	1,000mg/kg
5	ポリ臭化ビフェニル類（PBBs）	50mg/kg
6	ポリ臭化ジフェニルエーテル類（PBDEs）	1,000mg/kg
7	ポリ塩化ナフタレン（塩素原子数が3以上）	50mg/kg
8	放射性物質	閾値なし
9	一部の短鎖型塩化パラフィン	1%

※ポリ臭化ビフェニル類およびポリ塩化ナフタレンは、バーゼル条約に合わせて改正された

 # 何をしなくてはいけないの？

　条約では、船舶に関する要件と船舶リサイクル施設に関する要件が定められています。

　船舶に関する要件では、総トン数500トン以上の船舶にインベントリの作成および船舶への備付けの義務を定めています。インベントリとは「船舶に含有される有害物質の量および使用部位」を記載したリストです。

　造船所は船主から建造する新船のインベントリを作成することを求められ、これに対応する義務があります。インベントリは最終的に船舶リサイクル施設に引き渡されます。

新船のインベントリは部材や機器供給者から提供される「材料宣誓書：Material Declaration（MD）」に基づいて作成することが国際海事機関（IMO）のガイドライン*²により規定されているため、部材および機器メーカーは、造船所からMDの作成を要求され、対応することが求められます。さらに、IMOガイドラインでは、「供給者適合宣言：Supplier's Declaration of Conformity（SDoC）」により、供給者はMDが適切に作成されていることを保証する義務があります。

　したがって、部材および機器メーカーに課せられた責務は、造船所からMDおよびSDoCを要求された際、それらを速やかに提出することです。

　MDは、造船所から、その提出依頼を受けた供給者が、自ら供給する製品に含有する有害物質の情報を、インベントリを作成する造船所に提供するものです。

　SDoCは、MDがIMOのガイドラインの要件に適合していることを保証するとともに、その責任者を明確にするものであり、供給者の提出するMDに記載された情報が正確であることを保証するものです。

　リサイクルされる船舶は、各指針に沿った安全や環境要件を満たし、条約締結国による許可を受けた船舶リサイクル施設のみでリサイクルされなければなりません。その船舶リサイクル施設は、各船舶のインベントリに基づいて、有害化学物質をどのように処理・処分するのかを明記した「船舶リサイクル計画」を作成し、船舶に含まれる有害物質を適切に処理しなければなりません。

　船舶リサイクル施設は、船舶に含まれる有害物質の安全と環境上適正な除去を確保することが義務付けられます。また、インベントリに記述されたすべての有害物質が、適切に訓練され装備を装着した作業員によって、リサイクル技術基準や有害物質の処理基準などを守りながら、解体前に最大可能な範囲で判別され、分別され、包装され、除去されなければなりません。

 これも知っておこう！

　シップリサイクル条約は、以下にまとめた発効要件3件の達成から24カ月後に発効します。

　1）15カ国以上が条約を締結すること

　2）締結国の商船船腹量の合計が40％以上になること

　3）締結国の直近10年における最大年間解体船腹量の合計が締結国の商船船腹

シップリサイクル条約

序章

第1章

第2章

第3章

第4章

第5章

第6章

第7章

廃棄・リサイクル法について

　量の3％以上になること

　EUによる域内規制が2013年12月に発効しています。

　日本は2018年4月25日に国会承認を経て2019年3月27日に加入書を寄託しました。続いて、2019年11月18日に、ガーナが締結し、シップ・リサイクル条約の締約国数は14カ国となり、発効要件の1つである締約国数要件15ヶ国まで残り1カ国です。

　もう1つの発効要件は、船腹量要件（締約国の船腹量が世界の船腹量の40％以上となることですが、現状は29.4％です。

　シップリサイクル条約はEU RoHS指令と異なり、RoHS指令では認められている必要不可欠な使用（エッセンシャルユース）による除外が認められていません。そのため、用途を問わず規制濃度を超える有害物質の含有をすべてMDに記載する必要がありますが、MDを作成する際に川上企業からのRoHS指令適合証明書をそのまま有害物質非含有の証明情報として使用することはできません。

📖　参考情報

＊1　https://www.mofa.go.jp/mofaj/ila/et/page25_001280.html

＊2　http://www.mlit.go.jp/maritime/senpaku/Ship_recycling/

Q シップリサイクル条約の材料宣誓書（MD）および供給者適合宣言（SDoC）とはどういうものですか？

A シップリサイクル条約が発効しますと、条約批准国に船籍のある新船には化学物質管理について、新船への新規搭載が禁止される物質が搭載されていないこと、ならびに条約の附属書附録2で規定された有害物質インベントリが作成され船内に維持・保管されることが求められます。そのため、新船の所有者からは造船所に対して、船舶の構造や機器に含まれる有害物質インベントリの提出が求められます。そのインベントリの作成にあたり、造船所からは船舶に搭載する部材や機器を納入する供給者に、対象となる有害物質の含有物質の有無等を報告する、条約で定められた「MD」やその内容が正しいことを保証する「SDoC」などの書類の提出要求が出されることになります。

つまり、MDはインベントリ作成のもととなるデータを正確に提供するものである一方、SDoCはMDがIMOのガイドラインの要件に適合していることを保証するとともに、その責任者を明確にするものであり、供給者の提出するMDに記載された情報が正確であることを保証するものです。

MDに記載する項目は、宣誓の日付、MD ID番号、供給者の会社名、製品名、型式番号、納品量、製品情報、有害物質宣誓の単位、閾値を超える有害物質の存在の有無、有害物質の含有質量、有害物質の使用部位です。

SDoCに記載する項目は、SDoC ID番号、発行者の氏名および住所、宣言の対象、適合文書、追加情報、代表者の氏名および役職、代表者から権限を委譲されたものの氏名および役職、代表者等のサイン、発行場所および発行日と定められています。

なお、SDoCには、代表者または代表者から権限を委譲されたもののサインが必要です。

第 6 章

新たな規制動向について

EU：殺生物性製品規則（バイオサイド規則）

「殺生物性製品規則」（BPR:Biocidal Products Regulation, Regultion（EU）528/2012）＊1

　バイオサイド規則は、殺虫剤・殺菌剤・殺鼠剤等のバイオサイド製品のEU市場での上市に対して規制を行う法律として、2012年5月に公布、2013年9月に施行されました。BPRとも呼ばれています。

 ## 何のための規制？

　この法律の目的は、人間・動物の健康および環境の高度な保護を確実にしつつ、バイオサイド製品を市場において利用可能とするための諸規定の調和化と適切な使用を通じて、EU域内市場の機能を改善することとされています。

　前文第1文節で、BPRの狙いを以下のように示しています。

　「バイオサイド製品は、ヒトと動物の健康にとって有害な生物の抑制と天然材や人造材料にダメージを与える生物の抑制のために必要とされている。しかし、バイオサイド製品は、その本質的な特性および関連する使用のパターンによって、人や動物および環境に対しリスクをもたらす恐れがある」

　つまり、副作用を考慮したリスク評価を要求しています。

 ## 対象となる物質は？

　この規則では、微生物や動物等、生物に対する作用のある物質または微生物を活性物質（active substance）といいます。

　活性物質を95条リスト物質＊2ともいいます。

　バイオサイド製品（biocidal product）の定義（第3条）は以下です。

・使用者に提供される際の性状が物質あるいは混合物であって、意図的に何らかの単なる物理的あるいは機械的な動作以外の手段によって、ある有害な生物を駆除、抑制、無害化、活動の疎外、さもなければ支配的影響力を及ぼす

EU：殺生物性製品規則（バイオサイド規則）

序章

第1章

第2章

第3章

第4章

第5章

第6章

第7章

新たな規制動向について

ことを目的としたものであり、それが一つ以上の活性物質からなり、それを含む、あるいはそれを発生させるもの

・上項の分類には入らなかった物質や混合物によって生成されて、意図的に何らかの、単なる物理的あるいは機械的な動作以外の手段によって、ある有害な生物を駆除、抑制、無害化、活動の疎外、さもなければ支配的影響力を及ぼすことを目的とするすべての物質あるいは混合物

・主たる機能として殺生物性を有する処理されたアーティクルはバイオサイド製品とみなされる（「処理された成形品」）。

バイオサイド製品に成形品（REACH規則の定義と同じ）も含まれることに留意しなくてはなりません。

 # 何をしなくてはいけないの？

バイオサイド製品を上市するには、認可を得る必要があり、認可を得るにはバイオサイド製品中の活性物質が承認されていなければなりません。承認された活性物質は、95条リストとして申請されたプロダクトタイプ（PT）と登録者が記載され、バイオサイド製品はその登録者の活性物質を使用し、指定されたPTでないと認可されません。このように限定された用途になります。

申請は、ECHAが運用するオンライン申請ツール（R4BP3）[3]を使用して行います。

EU域外の企業は、域内の代理人を指定し、申請する必要があります。

1.活性物質の承認

バイオサイド製品に含まれている活性物質は、認可を受けようとするPTとの組合せにおいて承認されていることが必要です。

新規活性物質の承認を受けるには、申請者は申請書類一式をECHAへ提出し評価を受けます。このときに附属書ⅡおよびⅢの定める活性物質についてのデータの提出が必要です。承認の有効期間は最大10年間です。

2013年9月1日以前に上市されている活性物質を含んでいる製品は物質が承認されるまでは、加盟国法令に従って引き続き上市することができます。

2.バイオサイド製品の認可

バイオサイド製品の認可手続きは、その効率性や利便性等が考慮され、以下の3通りがあります。

（1）加盟国レベルの認可（National authorization）：加盟国ごとに認可を得るものですが、相互認定により他加盟国への拡張も可能です。

（2）EU一括認可（Union authorization）：EU全域で認可を得る方式で、新規活性物質を含む製品はすべてこの対象です。

（3）簡易認可（Simplified authorization）：人間・動物の健康や環境への影響がより少ないバイオサイド製品の利用促進を目的とし、附属書Ⅰに対象製品が記載されています。

以上の認可手続きにおいて、組成の違いが一定範囲内であるようなバイオサイド製品は、「製品ファミリー（Biocidal product family）」といって、これらをまとめての認可申請が可能です。

「処理された成形品」については、承認された活性物質を利用したバイオサイド製品で処理された成形品しか輸入できなくなりました。また消費者から要求があった場合には、45日以内に無償で、バイオサイド製品による処理に関する情報を提供する必要があります。

バイオサイド製品の上市にあたっては、CLP規則に準拠した分類・包装・ラベル貼付けを行う義務を課しています。また、バイオサイド製品中の活性物質とバイオサイド製品のSDSを準備しておき、利用できるようにしておくことも必要です。

なお、「処理された成形品」についてもラベル要求がありますので注意が必要です。

 これも知っておこう！

ECHAは活性物質のサプライヤー（メーカーまたは輸入業者）およびバイオサイド製品のサプライヤー（配合事業者等）のリスト（95条リスト）を作成し、これを定期的に更新・公表することを義務付けられています。

このリストではこれまでに承認され、あるいは承認申請を受理した等の活性物質について、それらのPT別にサプライヤーが掲載されています。このリストに掲

EU：殺生物性製品規則（バイオサイド規則）

序章

第1章

第2章

第3章

第4章

第5章

第6章

第7章

新たな規制動向について

載されることが企業のバイオサイド製品のEU域内での上市の要件であり、EU域外の企業が域内企業と同等な扱いを受けるためにはそのEU域内の代理人を任命し、代理人とともにこのリストに掲載されることが必要です。

PTは以下の22製品類型です。

第1主要グループ：消毒剤

PT1：人用衛生製品（直接人の皮膚や頭皮に接触する形で用いられる）

PT2：直接人や動物に使うことが意図されていない消毒剤と殺藻薬（食品、飼料は除く）

PT3：動物用の衛生製品

PT4：食料や飼料を扱う分野の消毒剤

PT5：飲料水用消毒剤

第2主要グループ：保存剤

PT6：貯蔵中の製品（訳注:缶詰等）に係る保存剤

PT7：フィルム（被膜）の保存剤

PT8：木材防腐剤

PT9：繊維、皮革、ゴムおよび重合材の保存剤

PT10：建造材料（訳注：石材等）の保存剤

PT11：液体冷却および処理システムのための保存剤

PT12：スライム防止剤

PT13：切削加工用液体の保存料

第3主要グループ：有害生物防除

PT14：ネズミ駆除剤

PT15：鳥駆除剤

PT16：軟体動物駆除剤、駆虫剤およびその他の無脊椎動物を駆除する為の製品

PT17：殺魚剤

PT18：殺虫剤、殺ダニ剤およびその他の節足動物の駆除に使われる製品

PT19：忌避剤と誘引物質

PT20：その他の脊椎動物の駆除製品

第4主要グループ：その他バイオサイド製品

PT21：汚染防除製品

PT22：死体（ミイラ）や剥製を防腐保存するための液体

95条リスト例を示します。（部分記述）

Active Substance Name	EC number	CAS number	PT	Entity Name	Country	Supplier Type
Calcium oxide / lime /burnt lime / quicklime	215-138-9	1305-78-8	3	AAA GmbH	Austria	Substance Supplier
Carbendazim	234-232-0	10605-21-7	7	BBB Chemical Company BV	Netherlands	Substance Supplier
Carbendazim	234-232-0	10605-21-7	10	BBB Chemical Company BV	Netherlands	Substance Supplier

　人や動物への健康あるいは環境への影響が少ないバイオサイド製品は、第25条（簡易認可手続き）により、認可が受けられます。簡易認可の要件は以下となります。

　（a）対象バイオサイド製品に含まれるすべての活性物質が附属書Iに掲載されており、その附属書中に規定するあらゆる制限事項をも満たしている。

　（b）そのバイオサイド製品は、いかなる懸念物質をも含まない。

　（c）そのバイオサイド製品は、いかなるナノマテリアルをも含まない。

　（d）そのバイオサイド製品には十分な効果がある。

　（e）そのバイオサイド製品の運搬、および使用には個人用保護具を必要としない。

　附属書Iには、乳酸、酢酸ナトリウム、酢酸などの食品添加剤として認可された物質およびREACH規則附属書IV（登録免除物質）の亜麻仁油、ラベンダー油、硫酸鉄などが収載されています。

　COVID-19の手指消毒のニーズが高まっています。エチルアルコールによるPT1製品の開発のために、このところ95条リストに多くの企業が登録を行っています。

　また、緊急措置として第55条第1項では、当局は、第17条（バイオサイド製品の上市と使用）および第19条（認可付与の条件）を適用除外として、180日を超えない期間で、認可の条件を満たさないバイオサイド製品の上市や使用を許可すること

EU：殺生物性製品規則（バイオサイド規則）

序章

第1章

第2章

第3章

第4章

第5章

第6章

第7章

新たな規制動向について

ができると規定しています。

COVID-19対応もこの条項で緊急措置がとれるようになっています。

📖 参考情報

* 1　http://eur-lex.europa.eu/legal-content/EN/TXT/?uri=uriserv:OJ.
　　　L_.2012.167.01.0001.01.ENG

* 2　https://echa.europa.eu/information-on-chemicals/active-substance-suppliers

* 3　https://echa.europa.eu/support/dossier-submission-tools/r4bp

Q バイオサイド製品規則で要求されるラベルに記載すべき事項はどのようなものでしょうか。

A 認可を受けたバイオサイド製品は、その上市にあたり、CLP規則に基づく分類および表示を行わねばなりませんが、ラベルに記載する事項は以下の15項目で、CLP規則よりも多くの取扱いに必要な安全上の情報を要求しています（第69条）

（a）すべての活性物質の名称およびその濃度

（b）製品中に含まれるナノ物質

（c）製品の認可番号

（d）認可取得者の名称と住所

（e）製品のタイプ

（f）認可された製品の使用法

（g）製品の認可条件のもとでの使用の際の指針（使用頻度や使用割合）

（h）使用した場合の副作用およびそれに対する救急処置の指針

（i）説明書が付属されている場合、使用前に読むようにとの指示

（j）製品およびその包装材を安全に処分するための指針（すべての包装材の再使用禁止を含む）

（k）製造バッチナンバーまたは記号および通常条件下での使用可能な保管期限

（l）殺生物効果に必要な期間、バイオサイド製品の使用間隔、もしくは使用と処理された製品の次の使用との間隔、またはバイオサイド製品が使用された区域への人間または動物による次の使用までの間隔、除染の手段と対策に関する詳細、および処理区域の必要な換気の時間、機器の適切な洗浄に関する詳細、使用中および輸送中の予防措置に関する詳細

（m）製品の使用を制限されたユーザーの範囲

（n）環境に対する特別危険な情報。特に非標的生物の保護や、水質汚染の回避に関すること

（o）微生物を含んでいる場合は、職場の生物的要因にばく露されるリスクから労働者を保護するための議会・理事会指令（2000/54/EC）で要求しているラベル

また食品・飲料と間違えやすい製品であれば、包装はそうした間違いを最小化するように行うことや、ラベルに「低リスク」、「無害」、「環境に優しい」等を記

EU：殺生物性製品規則（バイオサイド規則）

序章

第1章

第2章

第3章

第4章

第5章

第6章

第7章

新たな規制動向について

載することでリスクに関して間違った方向に進ませたりすることのないようにすることを課しています。

　また「処理された成形品」の場合、その成形品の製造者によりその殺生物特性に関して訴求が行われている場合や、関係する活性物質の承認の条件にそのように要求されている場合では、ラベルの貼付けが要求され、その記載事項は以下のとおりです（第58条）：

　（a）「処理された成形品」にはバイオサイド製品が組み込まれている旨の記述

　（b）「処理された成形品」の付与された殺生性能の立証

　（c）バイオサイド製品に含まれるすべての活性物質の名称（CLP規則第24条に反しないこと）

　（d）バイオサイド製品中に含まれるすべてのナノ物質の名称

　（e）「処理された成形品」に対し施された、あるいはその中に組み込まれたバイオサイド製品に対する、予防処置を含む使用に関するすべての説明

　なお「処理された成形品」であるか否かは判定が必ずしも容易でないケースも多いので、そのためのガイダンスが公表されています。

Q 処理された成形品の具体例と義務を教えてください。

A 処理された成形品とは、1つ以上のバイオサイド製品によって既に処理されている、あるいはそれを意図的に含有してある、あらゆる物質、混合物あるいは成形品を意味します。

処理された成形品の義務は第58条に以下のように規定されています。

1. 建物や貯蔵・輸送のためのコンテナの燻蒸や消毒といった単独（一時的に施される）の処理に使用され、そのような処理をした後、残留物として残ることのないよう処理された成形品には適用されない。

2. 処理された成形品は、バイオサイド製品がそれによって処理されるか、あるいは含有することになるすべての活性物質が関連する製品型式分類と用途が、附属書Iあるいは、第9条（2）（承認された活性物質）に従ってリストに収載され、またそこにおいて規定されたあらゆる条件あるいは制限事項に合致することなしに、上市されてはならない。

3. 処理された成形品を上市することについて責任を有する者は、以下の場合には第58条（3）に示す情報をラベルに記載して提供することを保証しなければならない。

（1）処理された成形品がバイオサイド製品を含み、当該処理された成形品の製造者が、その成形品の殺生物特性について訴求している場合

（2）懸念される活性物質との関連で、ヒトとの接触の可能性、あるいは環境中への放出、活性物質の承認の条件を、特に考慮することが要求される場合

第58条（3）が要求しているラベル表示は以下が要件となります。

・処理された成形品がバイオサイド製品を含んでいるという声明（statement）

・立証している場合、その処理された成形品に付与されている殺生物特性

・CLP規則の第24条を侵害することなく、そのバイオサイド製品に含まれるすべての活性物質の名称

・括弧で囲った「ナノ／nano」という言葉に続く、バイオサイド製品中のすべてのナノマテリアルの名称

・バイオサイド製品に処理された成形品が使われ、それで処理されるか、それ

EU：殺生物性製品規則（バイオサイド規則）

序章

第1章

第2章

第3章

第4章

第5章

第6章

第7章

新たな規制動向について

を含むことから必要となるあらゆる注意書きを含む、すべての関連取扱説明書類

①人と動物の健康および環境の保護のために必要な場合は、これにさらに注意書きなども要求される。

②これとは別に、消費者から求められた場合には、「処理された成形品」のサプライヤーは当該成形品の殺生物処理に関する情報を45日以内にその消費者に無料で提供しなければならない。

成形品の殺生物特性について訴求例を以下に示します。

抗菌性コーティングした衛生陶器、スキンケア製品・抗菌性タッチパネル（PC）を含む手術室内タッチパネル付きコンピュータ、企業内の受付端末、レストランなどのメニュー・オーダー端末、食品製造工業などでの入力、制御端末・プラスチック表面に残った細菌の繁殖を抑制する抗菌素材を使用した電気ケトル・抗菌防臭加工、ダニ退治機能つき電気毛布・ナノシルバーを用いた抗菌フィルターを使用した空気清浄器・カテキン抗菌・脱臭フィルターと銀バイオ抗菌脱臭を練り込んだ塗料インクを使用した電気冷蔵庫・ソファ等の中綿に防ダニ効果、抗菌防臭機能をつけた素材繊維

米国：紛争鉱物開示規制

「金融規制改革法」第1502条（Dodd-Frank Wall Street Reform and Consumer Protection Act）*1

この規則は、2010年に成立した金融規則改革法（ドッド・フランク法）に基づき米国証券取引委員会が、国内の企業に対し紛争鉱物に関する情報開示の規定を盛り込むことを可決し、2012年11月に施行したものです。

何のための規制？

アフリカ中央部のコンゴ民主共和国（DRC）および周辺国で産出している天然資源が、紛争を引き起こす武装集団の資金源に利用されています。この地域で産出される天然資源の原産国の公開を義務付けることにより、企業が消費者の不買運動を恐れ、武装集団との取引を縮小することを期待しています。また、武装集団の資金を絶ち紛争を終わらせることだけでなく、企業のリスクを取り除き投資家を保護することも、この規制の目的となっています。

対象となる物質は？

紛争鉱物とは、コンゴ周辺で多く産出されている、すず（Tin）、タンタル（Tantalum）、タングステン（Tungsten）および金（Gold）とそれらの派生物であり、頭文字をとって「3TG」とも呼ばれています。この規制では原産地にかかわらず、上記の4種類の鉱物を紛争鉱物と呼んでいます。なお米国の国務長官の判断によっては、他の鉱物が追加される可能性もあります。

何をしなくてはいけないの？

この規制により紛争鉱物に関する情報開示が義務付けられているのは、証券取引所法第13条（a）または第15条（d）に基づき米国証券取引委員会に各種報告書

序章

第1章

第2章

第3章

第4章

第5章

第6章

第7章

新たな規制動向について

を提出している企業です。

　規制は、3つのステップで定義される手順に従って調査を行い、紛争鉱物の情報を開示する義務を記載しています。なお実施手順については、次ページにフローチャートを示しています。

　1）Step1：自社の製造または製造委託する製品に対し、紛争鉱物が製品の機能または生産にとって必要かどうかを判断します。

　2）Step2：紛争鉱物の原産国がDRCおよびその周辺諸国であるか、またはスクラップないしリサイクル品であるか、を判断するため合理的な原産国調査をします。

　3）Step3：その紛争鉱物の起源と加工・流通過程の管理に関して、デュー・ディリジェンス（適正評価）を実施する必要があります。

　ここでは、経済協力開発機構（OECD）より発行されている「紛争鉱物に関するデュー・ディリジェンスガイダンス*2」が参照されています。

　なお、紛争鉱物開示規制では、証券取引委員会への報告書の提出およびウェブサイト上での情報開示は義務付けられていますが、罰則規定に関しては定められていません。

　また、サプライチェーンにおける情報伝達を円滑に行うためのツールとして、紛争鉱物に関する国際ガイドラインを制定しているConflict-Free Sourcing Initiative（CFSI）が公開しているテンプレートであるConflict Minerals Reporting Template（CRMT）*3も利用されています。

■ フローチャート

Step1
製造または製造委託する製品に対し、紛争鉱物が製品の機能または生産にとって必要か？

NO ⇨ 情報開示および報告書の提出義務は、ありません。

⇩ YES

Step2
合理的な調査の結果、その紛争鉱物が①DRCおよびその周辺諸国以外が原産国である、または②スクラップないしリサイクル品である、ことが判明したか？

YES ⇨ 調査の結論と、判断に至った合理的な調査の方法を特定開示報告書に記述し、証券取引委員会に毎年提出します。
企業のウェブサイト上で、紛争鉱物の原産国が対象国でないことを、公開します。

⇩ NO

Step3
紛争鉱物の起源と加工・流通過程に関してデュー・ディリジェンス（やるべきことをやる）を実施

原産国が対象国でない、またはスクラップないしリサイクル品と判断された場合。
⇨ 提出義務のある特定開示報告書および企業のウェブサイト上に、その判断の内容、およびその判断を行うために用いた合理的な原産国の調査方法とその結果を開示します。

⇩ *原産地が対象国で武装集団の資金源となっていた場合や、原産地の判断がつかない場合。*

特定開示報告書の添付書類として、紛争鉱物報告書を提出します。この報告書には、デュー・ディリジェンスの適合性を独立した民間部門が評価した監査報告書、紛争鉱物製品の説明、加工に使用された施設、原産地を決定しようとした努力、などを記載します。
またこの報告書をウェブサイト上で開示します。

出典：米国証券取引委員会「紛争鉱物に関する最終規則」より一部抜粋したものを執筆者が和訳
https://www.sec.gov/rules/final/2012/34-67716.pdf

 これも知っておこう！

米国紛争鉱物開示規制の直接の対象は次の要件の企業です。

・米国内に上場している。

・紛争鉱物を製品機能または製品製造に必要としている。

・コンゴ民主共和国およびその周辺国で採掘した紛争鉱物を必要としている。

・リサイクル、スクラップでない紛争鉱物を必要としている。

　米国内に上場している日本企業は数少ないのですが、電気電子機器製品や自動車などを米国に輸出している日本国内の企業、また輸出企業に対して直接および

米国：紛争鉱物開示規制

序章

第1章

第2章

第3章

第4章

第5章

第6章

第7章

新たな規制動向について

間接的に部材などを納入している日本国内のサプライチェーン企業も、大きな影響を受けています。

　国内においても翻訳されたCRMTテンプレートが標準として利用され、サプライチェーン間の情報伝達に役立っています。テンプレートにおける川上企業への質問には下記の事項が含まれています。

・製品における3TGの添加の必要性および含有の有無
・サプライチェーンで調達している3TGの原産地、または再生利用品など起源に関する事項
・3TGに関する情報およびデータ、精錬業者の特定
・紛争鉱物への取組み方針の有無およびウェブサイト上での開示
・サプライヤーに対して紛争鉱物を含有していないことおよび認証された精錬業者から調達することの要求
・自社でのデュー・ディリジェンス対策およびサプライヤーからのデュー・ディリジェンス情報の入手
・検証プロセスにおける是正措置管理の有無

📖 参考情報

* 1　http://www.sec.gov/about/laws/wallstreetreform-cpa.pdf
* 2　http://www.oecd.org/corporate/mne/mining.htm
* 3　http://www.conflictfreesourcing.org/conflict-minerals-reporting-template/

Q 紛争鉱物の開示が義務付けられているのは米国だけですか？

A 欧州委員会（EC）は2017年５月に、紛争地域および高リスク地域からのすず、タンタル、タングステンおよび金（3TG）の輸入者に対して、サプライチェーンのデュー・ディリジェンス義務を課す欧州議会および理事会規則（（EU）2017/821）*¹を官報公示しました。この規則によって実質2021年１月より、EUにおいても紛争鉱物の開示が義務付けられます。

　規制の対象となる鉱物および金属は、米国と同様にすず、タンタル、タングステンおよび金ですが、それぞれに閾値を設定しています。なお、閾値を設けても、EUに輸入される3TGの95%以上が本規制の対象になるとされています。

　なお、米国紛争鉱物開示規制における紛争対象地域は、コンゴ民主共和国（DRC）およびその周辺諸国に限定していますが、EU規則ではこの地域だけでなく、紛争の影響を受けるリスクの高い地域も対象になっているので、今後の推移にも留意が必要です。

　EU規則により義務を課せられているのは、閾値を超える量を取り扱う輸入者であり、OECDのガイダンス*²に定められたサプライチェーンのデュー・ディリジェンスの実施が義務付けられています。また、独立した第三者による監査報告書を含め、デュー・ディリジェンスが適合している証拠を管轄当局に提供する義務が課されており、管轄当局による監査も実施されます。

　この義務者に完成品または部材を納入している日本のメーカーにもデュー・ディリジェンスを要求されることが予想されます。

　OECDの紛争鉱物ガイダンスのデュー・ディリジェンスは５ステップになっています。

　１．強固なマネジメントシステムを構築する。

　２．サプライチェーンにおけるリスクを識別し評価する。

　３．識別されたリスクに対応するための戦略を立案し実行する。

　４．サプライチェーンの特定されたポイントで、サプライチェーンのデュー・ディリジェンスを独立した第三者監査を実施する。

　５．サプライチェーンのデュー・ディリジェンスに関する報告をする。

米国：紛争鉱物開示規制

序章
第1章
第2章
第3章
第4章
第5章
第6章
第7章

新たな規制動向について

デュー・ディリジェンスは仕組みで保証することになります。

米国の紛争鉱物開示規制同様、リサイクルおよびスクラップについては適用されないとされていますが、リサイクルおよびスクラップ品であるという結論に至ったデュー・ディリジェンスの結果を公表する義務が発生します。

欧州委員会は「責任のある精錬所および精製所」のリストを作成し、ウェブサイトなどで公表することになっています。輸入者は、サプライチェーン内の精錬所および精製所の第三者監査報告書に基づいてリスクを評価しなければなりませんが、この第三者監査報告書がない場合は、輸入者が川上サプライチェーンのリスクを特定し評価しなければなりません。

EUの規制も米国の規制同様に、52の資源産出国と日本を含む多くの支援国および支援機関が参加している採取産業透明性イニシアティブ（EITI：Extractive Industries Transparency Initiative）＊3の考えが基本になっています。このイニシアティブは、信頼できる原材料へのアクセスを確保することにより、財務とサプライチェーンの透明性、企業の社会的責任を維持することを目的としています。EUも規制を開始することで、透明な原材料取引が強化されることが期待されます。

参考情報

＊1　https://eur-lex.europa.eu/legal-content/EN/TXT/?uri=CELEX%3A32017R0821

＊2　http://www.oecd.org/daf/inv/mne/OECD-Due-Diligence-Guidance-Minerals-Edition3.pdf

＊3　http://eiti.org/eiti/principles

EU：エコデザイン指令（ErP指令）

「エコデザイン指令、エネルギー関連製品のエコデザインに関する条件を定めるための枠組みを設ける2009年10月21日の欧州議会及び理事会の指令（2009/125/EC）」[*1]
Directive 2009/125/EC of the European Parliament and of the Council of 21 October 2009 establishing a framework for the setting of ecodesign requirements for energy-related products

環境配慮の設計（エコデザイン）を義務付けて省エネの推進を図るEUの指令です。生産者や輸入者はEU市場に上市する前に該当製品にCEマーキング対応をすることが必要です。

 何のための規制？

この指令は、エネルギー使用製品のエコデザインに関する指令（EuP指令）に替わり発効した指令です。EuP指令はエネルギー使用製品が規制の対象でしたが、ErP指令はエネルギー消費に影響を及ぼす製品にまで拡大し、製品の原料の採取から廃棄に至るまでのライフサイクルについて環境配慮の設計を義務付けた指令です。環境配慮の設計を促すのは、環境影響の低減やエネルギー削減の改善ポテンシャルが大きいためです。

 対象となる物質は？

対象製品は、エネルギー自体を消費、発生、移動、測定する製品だけでなく、建物の冷暖房に影響を与える窓枠や、エネルギーの節減に寄与する蛇口なども該当します。指令の枠組みとして、

1）EU域内の販売量または取引量が年間20万ユニット以上ある。

2）EU域内の環境に重要な影響を与える。

3）過剰なコストをかけず環境への影響が改善できる可能性のある製品

が規制対象となります。特定の製品ごとに環境適合設計、エネルギー使用量、エネルギー効率の制限値などが実施措置（IMs：Implementation Measures）で別途

EU：エコデザイン指令（ErP指令）

序章
第1章
第2章
第3章
第4章
第5章
第6章
第7章
新たな規制動向について

定められています。

 # 何をしなくてはいけないの？

ErP指令の対象製品は、実施措置の要求事項を満たしている必要があります。その適合の宣言として、技術文書を作成し管理するとともに、CEマーキングが義務付けられています。

 # これも知っておこう！

2019年10月1にEU委員会は、2019～24年のEU委員会の6つの優先事項の第1である「欧州グリーンディール」の施策として、冷蔵庫、洗濯機、食器洗い機、テレビなどの10製品に対する新持続可能な家電製品ルールを採択し、新実施規則を2019年12月5日に告示[2]しました。

新ルールは、修理性とリサイクル性の要件が初めて含まれ、寿命、メンテナンス、再利用、アップグレード、リサイクル性、廃棄物処理など、循環経済目標に貢献する事項が明確にされました。

修理性は、「使い捨て」文化からの脱却で、2020年3月11日に告示された「新循環経済行動計画」[3]では、「修理の権利」（right to repair）として提唱されています。

一方、ErP指令の第15条による実施規則は、CEマーキング対象です。修理により適合宣言に影響が出ることは許されません。設計段階で修理を計画し、評価を行い、修理要領等を修理業者に通知することが必要です。

📖 参考情報

[1] https://eur-lex.europa.eu/legal-content/EN/ALL/?uri=CELEX:32009L0125

[2] https://eur-lex.europa.eu/legal-content/EN/TXT/?uri=OJ:L:2019:315:TOC

[3] https://eur-lex.europa.eu/legal-content/EN/TXT/?qid=1583933814386&uri=COM:2020:98:FIN

Q 　小型テレビメーカーである当社は、EU加盟国へ当該製品を年間10万ユニット輸出しようと検討しております。当社は輸出数量が年間20万ユニット未満ですので、ErP指令は適用されないと判断してよいのでしょうか。

A 　ErP指令は、基本的な原則を示した枠組み指令であり、環境適合設計やエネルギー使用量等、エコデザイン要件で要求される内容の詳細は、製品群ごとの実施措置規定によります。

　具体的には、第15条において、製品が、

1）EU域内の販売量が年間20万ユニット以上、

2）EU域内の環境に重要な影響を与える、

3）過剰なコストをかけず環境への影響が改善できる可能性がある。

との条件に適合した場合、ErP指令の規制対象となり、実施措置を受ける、あるいは2）の影響に応じて、個別規制を受けるとされています。

　年間20万ユニットは、生産者ごとではなく、EU域内で販売されている総量です。テレビは域内全体での生産、輸入量が年間20万ユニットを超えている場合について実施規則が定められています。

　なお、テレビは委員会規則（801/2013/EC）[1]として製品別の実施措置が公布されていますので、ErP指令に従う必要があり、その要件を確認する必要があります。テレビとは、ディスプレイ、チューナー、DVD、ハードディスク（HDD）またはビデオ・カセット・レコーダー（VCR）で構成されたユニットです。

　具体的なテレビのエコデザイン要件のon-mode以外の消費電力は以下です。

EU：エコデザイン指令（ErP指令）

序章
第1章
第2章
第3章
第4章
第5章
第6章
第7章
新たな規制動向について

■ テレビのエコデザイン要件

	オフモード (W)	スタンバイモード (W)	ネットワークスタンバイモード (W)
最大制限	0.30	0.50	2.00
追加機能が存在し、有効になっている場合の許容量			
状態表示	0.0	0.20	0.20
部屋の存在検出を使用した非アクティブ化	0.0	0.50	0.50
タッチ機能（アクティブ化に使用可能な場合）	0.0	1.00	1.00
HiNA（High Network Availability）機能	0.0	0.0	4.00
すべての追加機能が存在し、有効になっている場合の合計最大電力需要	0.30	2.20	7.70

　なお、2019年12月5日に告示された委員会規則（EU）2019/2021[2]により、修理に関する要求が追加されました。

＜附属書II.D.5.（修理とリユースの為の設計）＞

・製造者、EUへの輸入者、代理店は修理業者やユーザーに対し、内部電源、外部機器（ケーブル、アンテナ、USB、DVD、ブルーレイ）を接続するコネクタ、コンデンサ、バッテリー、および蓄電池、該当する場合はDVD/Blue-Rayモジュール、HD/SSDモジュールを提供する。

・期間はモデルの最後のユニットを市場に出してから最低7年間とする。

・スペアパーツは一般的に入手可能な道具を用いて、修理対象品に永久的な損傷を与えることなく、交換できるようにしておかねばならない。

　　　参考情報

[1]　https://eur-lex.europa.eu/legal-content/EN/TXT/?uri=CELEX:32013R0801

[2]　https://eur-lex.europa.eu/legal-content/EN/TXT/?uri=CELEX:32019R2021

水銀条約

「水銀に関する水俣条約」[*1]（Minamata Convention on Mercury）

・・・・・・・・・ 水銀条約は、水銀および水銀化合物を対象として、水銀添加製品の製造・輸出入や水銀を使用する製造プロセスを制限する国際条約です。日本やEUなど条約批准国は国内法を制定して規制を進めています。また、水俣条約とも呼ばれています。

 何のための規制？

この条約の目的は、水銀および水銀化合物の人為的な排出から人の健康および環境を保護することです。

 対象となる物質は？

水銀および水銀化合物が対象となります。人為的な排出抑制の観点から、水銀添加製品の製造・輸出入や水銀・水銀化合物を使用する製造プロセスが原則禁止されます。該当する水銀添加製品は附属書A、該当する製造プロセスは附属書Bに、それぞれの段階的廃止期限とあわせて記載されています。この条約の実施を確保するための日本の国内法（「水銀による環境の汚染の防止に関する法律」（水銀汚染防止法）以下、国内法という）では、その施行令において、一部について規制の「前倒し」（条約より早い廃止期限）や「深掘り」（条約より厳しい含有量基準）が設定されています。

 何をしなくてはいけないの？

この条約および国内法による主な要求事項は以下のとおりです。
なお、詳細な内容は、経済産業省[*2]や環境省[*3]のウェブサイトに記載されてい

水銀条約

序論

第1章

第2章

第3章

第4章

第5章

第6章

第7章

新たな規制動向について

ます。

1．水銀添加製品の製造・輸出入の禁止（条約第4条）

　製造や輸出入が禁止される水銀添加製品の概要は以下のとおりです。

　1）電池（水銀含有量2%未満のボタン形亜鉛酸化銀電池および水銀含有量2%未満のボタン形空気亜鉛電池を除く）

　2）スイッチおよびリレー（極めて高い正確さの容量および損失を測定するブリッジ、監視・制御装置用高周波無線周波数のスイッチおよびリレーで、水銀含有量が最大20mgのものを除く）

　3）30W以下の一般的な照明用コンパクト蛍光ランプ（水銀含有量が5mgを超えるもの）（CFLs：白熱電球の形状をした小型蛍光灯）

　4）一般的な照明用直管蛍光ランプ（水銀含有量が5mgを超える60W未満の三波長形蛍光体を使用したもの、もしくは水銀含有量が10mgを超える40W以下のハロリン酸系蛍光体を使用したもの）（LFLs）

　5）一般的な照明用高圧水銀蒸気ランプ（HPMV）

　6）電子ディスプレイ用冷陰極蛍光ランプ（CCFL）および外部電極蛍光ランプ（EEFL）（「水銀含有量が3.5mgを超え、長さが500mm以下のもの」、「水銀含有量が5mgを超え、長さが500mm超1,500mm以下のもの」、「水銀含有量が13mgを超え、長さが1,500mm超のもの」のいずれかに該当するもの）

　7）化粧品（水銀含有量が一質量百万分率を超えるもの）

　8）駆除剤、殺生物剤および局所消毒剤

　9）非電気式計測器（気圧計、湿度計、圧力計、温度計、血圧計）（水銀を含まない適当な代替製品が利用可能でない場合において、大規模な装置に取り付けられたものまたは高密度の測定に使用されるものを除く）

の9種類の製品群です。また、

　（a）市民の保護および軍事的用途に不可欠な製品

　（b）研究、計測器の校正および参照の標準としての使用を目的とする製品

　（c）水銀を含まない実現可能な代替製品によって交換することができない場合におけるスイッチ、リレー、電子ディスプレイ用冷陰極蛍光ランプおよび外部電極蛍光ランプ、計測器

　（d）伝統的な慣行または宗教上の実践において使用される製品

（e）保存剤としてのチメロサールを含むワクチン

の５類型の適用除外が定められています（条約の附属書A）。

２．水銀・水銀化合物を使用する製造プロセスの禁止（条約第５条）

　禁止される製造プロセスは、１）水酸化ナトリウムまたは水酸化カリウム製造、２）水銀または水銀化合物を触媒として用いるアセトアルデヒド製造が定められていますが、日本の国内ではこれらの製造工程は既に廃止されています。[*4]

３．適正な暫定保管（条約第10条）と廃棄物管理（条約第11条）

　この条約では締結国に、適正な暫定保管と廃棄物管理を求めています。これを受け、各締結国では取扱事業者等に対し必要な規制措置を取ることになります。

 これも知っておこう！

　この条約には、EU加盟国だけでなく、EUとしても2017年５月18日に承認（Approval）しています。承認と同時に、同年５月24日のOfficial Journalで「５月17日付水銀規則（EU）2017/852」をこれまでの規則（1102/2008）に替えて公布しました。

　「水銀規則」では、水銀ランプの「深掘り」は行っていませんが、期限は2018年12月31日とする「前倒し」がなされています。ただし、「深掘り」に関しては、「加盟国は、必要に応じてEUの機能に関する条約に従って、本規則に定める要件よりも厳しい要件を適用することができる」としています。

　また、日本では水銀汚染防止法施行令（平成27年政令第378号）で、深掘り（水銀条約で求められる水銀含有量基準よりさらに低い含有量基準の設定）と規制の前倒し（水銀条約における廃止期限より早い時期の廃止）を定めています。

（1）深掘りの例

　酸化水銀電池（ボタン電池）

　水銀条約：電池（水銀含有量２％未満のボタン形亜鉛酸化銀電池及び水銀含有量２％未満のボタン形空気亜鉛電池を除く。）

　施行令：電池の除外

　イ：酸化銀電池（水銀の含有量が全重量の１％未満であって、ボタン電池であるもの

水銀条約

序章
第1章
第2章
第3章
第4章
第5章
第6章
第7章

新たな規制動向について

に限る。)

　ロ：空気亜鉛電池（水銀の含有量が全重量の２％未満であって、ボタン電池であるものに限る。）

　酸化水銀電池について、水銀条約では水銀含有量２％未満ですが、国内法では１％未満と厳しく制限（深掘り）をしています。

（２）前倒しの例

　蛍光ランプは、水銀条約では2020年の期限前に、国内法では2017年末に廃止期限が前倒しされました。産業界（事業者および業界団体）にヒアリング調査を実施し、国内製造・市場流通の実態、水銀フリー代替品の有無や今後の代替可能性、適用除外の必要性等について聴取して決定したとしています。また、電池も2017年末が水銀使用製品の禁止期限でしたが、既に国内ではおおむね対応が済んでいたので、周知期間を考慮して決めたとしています。

　　📖　参考情報

* 1　http://www.mofa.go.jp/mofaj/files/000070111.pdf

* 2　http://www.meti.go.jp/policy/chemical_management/int/mercury.html

* 3　http://www.env.go.jp/chemi/tmms/convention.html

* 4　http://www.meti.go.jp/policy/chemical_management/int/files/mercury/2017setsumeikai3.pdf

Q 水銀条約で適用除外とされている製品を製造するために必要な手続きについて教えてください。

A 日本の国内法では、水銀汚染防止法（以下「法」）第5条で「特定水銀使用製品」の製造を原則禁止し、水銀汚染防止法施行令第1条で「特定水銀使用製品」を列挙しています（一部の深掘りを除き、条約と合致）。例外的に、法第5条の「但し書」で、法第6条の許可を得た場合は製造可能としています。また、法第8条では、その製品が条約で認められた用途のために製造されることが確実であると認められる場合に限って許可されるとしています。

法第6条で定める許可手続は以下のとおりです。

1）特定水銀使用製品を製造する者は、その種類ごとに、主務大臣の許可を受けなければなりません。製品の種類ごとの主務大臣は、経済産業省のウェブサイト*1に掲載されている「表　特定水銀使用製品、規制開始日及び主務大臣」で確認することができます。

2）許可申請書には以下の事項を記載します。

（a）氏名または名称および住所。法人の場合は代表者の氏名

（b）製造しようとする特定水銀使用製品の種類およびその数量

（c）製造しようとする特定水銀使用製品の用途

（d）製造しようとする特定水銀使用製品の名称および型式

3）主務大臣は、有効期限を定めて許可をします。

また、法第13条では、既存の用途に利用する水銀使用製品（具体的には「新用途水銀使用製品の製造等に関する命令」（以下「同命令」）第2条に規定）以外の水銀使用製品を、「新用途水銀使用製品」と定義し、その製造等に関する基本原則を定めています。その基本原則では、その新用途水銀使用製品の利用が人の健康の保護や生活環境の保全に寄与するものである場合でなければ、その製造または販売をしてはならないとしています。例外的に新用途水銀使用製品の製造や販売の事業を営もうとする場合の手続きは以下のとおりです（法第14条）。

1）新用途水銀使用製品の製造や販売の事業を営もうとする者は、同命令第3条に定める方法により、その新用途水銀使用製品の利用が、人の健康の保護や生活環境の保全に寄与するかどうかについて、自己評価します。

序章

第1章

第2章

第3章

第4章

第5章

第6章

第7章

新たな規制動向について

2）新用途水銀使用製品の製造や販売の事業を営もうとする者は、自己評価の結果等を、同命令第4条、第5条により、営業開始の45日前までに主務大臣に届け出なければなりません。具体的な届出事項は以下のとおりです。

（a）氏名または名称および住所。法人の場合は代表者の氏名

（b）製造・販売しようとする新用途水銀使用製品の種類および用途

（c）製造・販売しようとする新用途水銀使用製品の名称および型式

（d）製造・販売しようとする新用途水銀使用製品の単位数量当たりの水銀等の量および一定の期間内に製造・販売を行う数量

（d）構造、利用方法その他の製造・販売をしようとする新用途水銀使用製品に関する情報

（e）自己評価の結果

（f）自己評価にかかる調査および分析の方法

3）主務大臣は、届出があった場合は速やかに届出書類の写しを環境大臣に送付します。環境大臣は主務大臣に対し、人の健康の保護または生活環境の保全の見地からの意見を述べることができます。主務大臣は、環境大臣の意見を勘案し、新用途水銀使用製品の利用が人の健康の保護または生活環境の保全に寄与することを確保するために必要があると認められる場合は、届出をした者に対して、新用途水銀使用製品の製造・販売に関して必要な勧告をすることができるとされています（法第15条）。

📖 参考情報

* 1　https://www.meti.go.jp/policy/chemical_management/int/files/mercury/products_list.pdf

POPs（ストックホルム）条約

残留性有機汚染物質に関するストックホルム条約[*1]
Stockholm Convention on Persistent Organic Pollutants（POPs）

アジェンダ21を受けて、1995年に国連環境計画（UNEP）政府間会合で、12の残留性有機汚染物質について排出の廃絶・低減等を図る国際条約の策定が求められました。2004年5月17日に条約が発効しました。その後、締約国会議で随時物質が追加されています。

 何のための規制？

POPs条約とは、環境中での残留性、生物蓄積性、人や生物への毒性が高く、長距離移動性が懸念される残留性有機汚染物質（POPs：Persistent Organic Pollutants）の、製造および使用の廃絶・制限、排出の削減、これらの物質を含む廃棄物等の適正処理等を規定している条約です。

条約締結国は、対象となっている物質について、国内法令で規制することになっています。

日本は化審法（化学物質の審査及び製造等の規制に関する法律）[*2]、EUはPOPs規則（（EU）2019/1021）[*3]、米国はTSCAで規制します。

 対象となる物質は？

以下の性質を有する化学物質です。
（1）毒性　　（2）難分解性　　（3）生物蓄積性　　（4）長距離移動性
これらの性状物質を3区分で規制します。

附属書A：製造・使用、輸出入の原則禁止物質

附属書B：製造・使用、輸出入の制限物質

附属書C：非意図的に生成される物質の排出の削減および廃絶物質

POPs（ストックホルム）条約

序章

第1章

第2章

第3章

第4章

第5章

第6章

第7章

新たな規制動向について

1）附属書A収載物質

1. アルドリン

2. アルファーヘキサクロロシクロヘキサン

3. ベーターヘキサクロロシクロヘキサン

4. クロルデン

5. クロルデコン

6. デカブロモジフェニルエーテル

7. ディルドリン

8. エンドリン

9. ヘプタクロル

10. ヘキサブロモビフェニル

11. ヘキサブロモシクロドデカン

12. ヘキサブロモジフェニルエーテル

13. ヘプタブロモジフェニルエーテル

14. ヘキサクロロベンゼン

15. ヘキサクロロブタジエン

16. リンデン

17. マイレックス

18. ペンタクロロベンゼン

19. ペンタクロロフェノール、その塩及びエステル類

20. ポリ塩化ビフェニル（PCB）

21. ポリ塩化ナフタレン（塩素数2〜8のものを含む）

22. 短鎖塩素化パラフィン（SCCP）

23. エンドスルファン

24. テトラブロモジフェニルエーテル

25. ペンタブロモジフェニルエーテル

26. トキサフェン

27. ジコホル[1]

28. ペルフルオロオクタン酸（PFOA）とその塩及びPFOA関連物質[1]

[1] 2019年12月3日　国連事務総長から追加の通報

2）附属書B収載物質

1．1, 1, 1-トリクロロ-2, 2-ビス（4-クロロフェニル）エタン（DDT）

2．ペルフルロオクタンスルホン酸（PFOS）とその塩、ペルフルオロオクタンスルホニルフオリド（PFOSF）

なお、PFOSについては半導体用途や写真フィルム用途等における製造・使用等の禁止の除外を規定

3）附属書C収載物質

1．ヘキサクロロベンゼン（HCB）[*2]

2．ヘキサクロロブタジエン[*2]

3．ペンタクロロベンゼン（PeCB）[*2]

4．ポリ塩化ビフェニル（PCB）[*2]

5．ポリ塩化ジベンゾ−パラ−ジオキシン（PCDD）

6．ポリ塩化ジベンゾフラン（PCDF）

7．ポリ塩化ナフタレン（塩素数2～8のものを含む）[*2]

[*2]附属書A物質と重複

 # 何をしなくてはいけないの？

　附属書A物質は廃絶です。附属書B物質は特定用途以外では使用禁止です。附属書A物質は廃絶ですが、締約国は先進国や開発途上国と様々で、産業構造も異なりますので、特定用途（エッセンシャルユース）について移行期間を設けています。エッセンシャルユースは締約国会議（Conference of the Parties：COP）で採択されますが、締約国は国状に合わせて、追加などができます。

　「個別の適用除外」は事務局に報告し、事務局はすべての締約国にその内容を送付し、「個別の適用除外」の検討をします。適用除外項目は5年間の期限がありますが、延長もできます。適用除外はPOPs条約の事務局に"正当化する報告書"を提出し登録します。この延長回数の制限は記述されていませんが、基本は開発途上国の状況を考慮することが目的です。

　また、附属書A物質で過去において製造され環境中に存在している場合があります。コンタミや非意図的に副生成することも想定されますので、「ゼロ」は難し

POPs（ストックホルム）条約

序章
第1章
第2章
第3章
第4章
第5章
第6章
第7章

新たな規制動向について

いことがあります。

　附属書A物質エッセンシャルユースの確認とその期限を確認する必要があります。コンタミや非意図的に副生成は、POPs条約第5条（意図的でない生成から生じる放出を削減し廃絶するための措置）で、「利用可能な最良の技術」により管理することを求めています。

　「利用可能な最良の技術」は、BAT（Best Available Technology/ Techniques）といわれるものです。日本の化審法ではBATについて、以下の案内*4を出しています。

　「化学物質の審査及び製造等の規制に関する法律（昭和48年法律第117号。以下「化審法」という。）では、他の化学物質を製造する際に副生される第一種特定化学物質について、「利用可能な最良の技術（BAT：Best Available Technology/ Techniques）」の原則、すなわち第一種特定化学物質を「工業技術的・経済的に可能なレベル」まで低減すべきとの考え方に立ち、副生される第一種特定化学物質の低減方策と自主的に管理する上限値を設定し、厚生労働省、経済産業省、環境省に対して事前確認を受けた上で報告した場合、副生される第一種特定化学物質が上限値以下で管理されている限り、化審法の第一種特定化学物質として取り扱わないこととしています。

　＜BAT報告書に記載する事項の例＞
　・副生第一種特定化学物質の名称とそれを含有する化学物質の名称
　・自主管理上限値とその設定根拠
　・管理方法（分析方法、分析頻度等）
　・今後のさらなる低減方策
　・輸入元の国名と当該化学物質の製造社（輸入の場合）
　・年間の製造・輸入（予定）量
　・最終用途
　・今後の検討課題
　・副生のメカニズム

　＜BAT報告対象者＞
　・副生する第一種特定化学物質の製造者または輸入者

※BAT報告の対象は副生第一種特定化学物質の製造者または輸入者です。その
ため、使用者は対象ではありません。」

　企業は、附属書B物質は用途制限を確認することになります。
　なお、エッセンシャルユースやBATは、国により若干の差異があります。EUに
輸出する場合でも、EUの規制と日本の規制を同時に満たす必要がありますので留
意しなくてはなりません。

 # これも知っておこう！

　2019年12月3日に附属書AにPFOAとその塩およびPFOA関連物質（以下PFOA
と略記）の追加を、2019年4月の第9回締約国会議（COP9）の採択をうけて、国連
事務総長が条約締約国に通報[*5]しました。
　発効は、条約の規定により通報後1年の2020年12月3日です。
　適用除外項目（エッセンシャルユース）は以下のとおりです。
（ⅰ）半導体製造におけるフォトリソグラフィ又はエッチングプロセス
（ⅱ）フィルムに施される写真用コーティング
（ⅲ）作業者保護のための撥油・撥水繊維製品
（ⅳ）侵襲性および埋込型医療機器
（ⅴ）液体燃料から発生する蒸気の抑制および液体燃料による火災のために配備
されたシステム（移動式および固定式の両方を含む。）における泡消火薬剤
（ⅵ）医薬品の製造を目的としたペルフルオロオクタンブロミド（PFOB）の製造
のためのペルフルオロオクタンヨージド（PFOI）の使用
（ⅶ）以下の製品に使用するためのポリテトラフルオロエチレン（PTFE）及びポ
リフッ化ビニリデン（PVDF）の製造
　・高機能性の抗腐食性ガスフィルター膜、水処理膜、医療用繊維に用いる膜
　・産業用廃熱交換器
　・揮発性有機化合物およびPM2.5微粒子の漏えい防止可能な工業用シーリング
　　材
（ⅷ）送電用高圧電線およびケーブルの製造のためのポリフルオロエチレンプロ
ピレン（FEP）の製造

POPs（ストックホルム）条約

序章

第1章

第2章

第3章

第4章

第5章

第6章

第7章

新たな規制動向について

（ix）Oリング、Vベルトおよび自動車の内装に使用するプラスチック製装飾品の製造のためのフルオロエラストマーの製造

ただ、医薬品の製造を目的としたペルフルオロオクタンブロミド（PFOB）の製造のためのペルフルオロオクタンヨージド（PFOI）の使用については、最長2036年までの適用除外が認められ、COP13（2027年）以降、隔会合ごと（4年ごと）にその必要性が評価されることになっています。

EUでは、PFOA規制を2017年6月14日にREACH規則の制限物質として2020年7月4日から規制するとしていました。COP9の採択を受けて、PFOAについてREACH規則による規制に代えて、POPs規則の対象物質とすることを2020年6月15日に告示をしました。施行日はREACH規則の予定と同じ2020年7月4日で、発効日はPOPs条約の発効日に合わせて2020年12月3日です。エッセンシャルユースはREACH規則とも違い、COP9の採択内容とも異なっています。

POPs規則では、PFOAを附属書Ⅰ物質とし、以下の規定で管理します。
＜第3条　リスト物質の製造、上市、使用の管理（要旨）＞
（1）附属書Ⅰに掲げる物質の製造、上市および使用は、それ自体が混合物であるか成形品であるかにかかわらず、第4条に従うことを条件として、禁止されなければならない。
＜第4条　規制措置の適用除外（要旨）＞
（1）第3条の規定は、次の場合には適用しない。
（a）実験室規模の研究または標準試料として使用される物質
（b）物質、混合物または成形品に、附属書Ⅰまたは附属書Ⅱの関連する項目に明記されるように、意図しない微量汚染物質として存在する物質

これを受けて2020年6月15日の改正規則では以下となります。
　1．第4条（1）（b）は、PFOAまたはその塩のいずれかが物質、混合物または成形品中に存在する場合、0.025mg/kg（0.0000025重量％）以下の濃度に適用されなければならない。
　2．第4条（1）（b）は、物質、混合物または成形品中に存在する場合、個々のPFOA関連化合物または1mg/kg（0.0001重量％）以下のPFOA関連化合物の組み合

わせの濃度に適用されなければならない。

　3．この項目の目的のために、第4条（1）（b）は、20mg/kg（0.002重量％）以下のPFOA関連化合物の濃度に適用し、ここで、それらは、規則（EC）第1907/2006の第3条15（c）の意味内で輸送される単離された中間体として使用される物質中に存在し、6原子以下の炭素鎖を有するフルオロケミカルの製造のための同規則の第18条（4）（a）〜（f）に定める厳密に制御された条件を満たす。この免除は2022年5月7日までに、委員会によって見直され、評価されるものとする。

　4．この項目の目的のために、第4条（1）（b）は、PFOAおよびその塩が、400キログレイまでの電離照射によりまたは熱分解により生成されるポリテトラフルオロエチレン（PTFE）マイクロパウダー中に存在する場合には、1mg/kg（0.0001重量％）以下に等しいかまたはそれ以下の濃度に適用され、また、PTFEミクロパウダーを含有する工業用および業務用の混合物および成形品にも適用される。PTFEマイクロパウダーの製造および使用中のPFOAのすべての排出は回避され、できない場合は可能な限り削減されるものとする。この免除は、2022年5月7日までに、委員会によって見直され、評価されるものとする。

　5．特例として、PFOA、その塩およびPFOA関連化合物の製造、上市および使用は、以下の目的のために許可されるものとする。

　（a）半導体製造におけるフォトリソグラフィまたはエッチングプロセス（2025年7月4日まで）

　（b）フィルムに塗布する写真塗料（2025年7月4日まで）

　（c）労働者の健康と安全にリスクを及ぼす危険な液体からの保護のための撥油性および撥水性のための織物（2023年7月4日まで）

　（d）侵襲性および移植可能な医療機器（2025年7月4日まで）

　（e）ポリテトラフルオロエチレン（PTFE）およびポリフッ化ビニリデン（PVDF）の製造（2023年7月4日まで）

　（i）高性能・耐食性ガスフィルター膜、水フィルター膜・医療繊維用膜

　（ii）産業廃熱交換器設備

　（iii）揮発性有機化合物・PM2.5微粒子の漏洩防止が可能な産業用シール剤

　6．移動式および固定式の両方のシステムを含むシステムに既に設置されている液体燃料蒸気抑制用消防用発泡体および液体燃料火災（クラスB火災）において、PFOA、その塩およびPFOA関連化合物の使用は、以下の条件に従うことで2025

POPs（ストックホルム）条約

序章
第1章
第2章
第3章
第4章
第5章
第6章
第7章
新たな規制動向について

年7月4日まで延期される。

（a）PFOA、その塩および／またはPFOA関連化合物を含有するかまたは含有する可能性のある消防用泡沫は、訓練のために使用されてはならない。

（b）PFOA、その塩および／またはPFOA関連化合物を含有または含有する可能性のある消防用泡沫は、すべての放出物が含有されない限り、試験に使用してはならない。

（c）2023年1月1日から、PFOA、その塩および／またはPFOA関連化合物を含有するかまたは含有する可能性のある消防用発泡体の使用は、すべての放出を封じ込めできる場所においてのみ許可されるものとする。

（d）PFOA、その塩および／またはPFOA関連化合物を含有するかまたは含有する可能性のある消防用泡沫備蓄は、第5条に従って管理されなければならない。

7．医薬品の製造を目的としたヨウ化ペルフルオロクチルを含む臭化ペルフルオロクチルの使用は、2026年12月31日までに、その後4年ごとに、2036年12月31日までに、委員会による審査および評価を受けて許可されるものとする。

8．PFOA、その塩および／またはPFOA関連化合物を含む、2020年7月4日以前にEUで既に使用されている成形品の使用は認められる。第4条（2）、第3段落および第4段落は、当該物品に関して適用される。

9．特例として、PFOA、その塩およびPFOA関連化合物の製造、上市および使用は、以下の目的*のために2020年12月3日まで許可されるものとする。

（a）規則（EU）2017/745の範囲内の埋め込み型以外の医療機器；

（b）ラテックス印刷インキ

（c）プラズマ・ナノコーティング

*　2020年7月9日に、Corrigendum to Commission Delegated Regulation（EU）により「成形品」から「目的」に修正

成形品中のPFOAの最大許容濃度は0.025mg/kg（25ppb）ですが、これは第4条（1）（b）の「意図しない微量汚染物質としての存在」の限度を示したEUの解釈です。

日本では、化審法の改正のためのパブリックコメント[*6]で以下の意見と経済産業省等の考え方が示されています。

意見：REACH規則の制限対象物質リスト（附属書 XVII）で規定されている

25ppbを下回っていれば、規制対象外なのか。

　考え方：第一種特定化学物質の規制の適用にあたって閾値は設けられていないため、25ppb未満であってもPFOAが含有されているのであれば化審法の第一種特定化学物質として規制対象になります。

　今後の動向が注目されます。

参考情報

* 1 　https://www.mofa.go.jp/mofaj/gaiko/kankyo/jyoyaku/pops.html
* 2 　https://www.meti.go.jp/policy/chemical_management/int/pops.html
* 3 　https://eur-lex.europa.eu/legal-content/EN/TXT/?uri=CELEX:32019R1021
* 4 　https://www.meti.go.jp/policy/chemical_management/kasinhou/about/class1specified_history.html
* 5 　http://chm.pops.int/TheConvention/ConferenceoftheParties/Meetings/COP9/tabid/7521/ctl/Download/mid/20315/Default.aspx?id=40&ObjID=27025
* 6 　https://search.e-gov.go.jp/servlet/Public?CLASSNAME=PCMMSTDETAIL&id=595219050&Mode=2

POPs（ストックホルム）条約

序章

第1章

第2章

第3章

第4章

第5章

第6章

第7章

新たな規制動向について

Q 米国のPFOA規制状況を教えてください。

A 米国ではPOPs条約による国内対応はEPAが行っています。EPAはウェブサイト*¹で広く周知を行っています。

PFOAについては、EPAが主管するTSCAのSNUR（重要新規使用規則）で、2015年から管理していますが、改正する提案が2020年3月3日に出され、パブリックコメントも募集*²されました。

EUや日本のようにエッセンシャルユースを明示するのではなく、SNURによるSNUN（重要新規利用届出）によってケースバイケースで免除（エッセンシャルユース）を認めるものです。

3月3日の提案は、PFOAなどの長鎖パーフルオロアルキルカルボキシレート（LCPFAC）化学物質に対して、以前に提案されたSNURに対する補足的なものです。

2015年1月に発表されたLCPFAC物質の当初提案では、物質、混合物を対象とした改正前TSCAのために、EPAはLCPFAC物質を含む成形品に対して輸入品免除を適用できませんでした。

改正TSCAは成形品もSNUR対象とできますので、カーペットの撥水コーティングのようなLCPFAC物質を含有している成形品のコーティングに免除を認めないようにするものです。

しかし、成形品を含むすべての輸入品は、既存SNUR条件が順守できない場合のSNUNを行うことで、審査により新たな免除が可能となります。エッセンシャルユースともいえるものです。

SNUNは輸入の90日前に届出が必要です（有料　大手企業　23,000ドル）。

認可の基準がばく露量で、TSCA第5条によるばく露による不合理なリスクがない場合が認可となります。

2020年6月22日に、3月3日の提案文書のパブリックコメントなどを踏まえて、

事前公開文書が告示*³されました。この文書は官報発行により削除されます。

　事前公開文書では、パブリックコメントに対するコメント*⁴も示されました。コメントでは、以下の解釈が示されています。

SNUR対象外は、40 CFR § 721.45（f）（Exemptions）で、

・不純物としての物質の製造、輸入、または処理

・商品の一部として物質を輸入または処理などが、除外*⁵

となっています。

　また、この規則の適用が、「進行中の使用はSNURの対象とすることができない。」があり、この解釈をめぐる記述もあります。

　パブコメには、「半導体加工、製造または半導体部品アセンブリでの使用」をLCPFAC化学物質の重要な新規用途ではないと指定し、半導体産業で使用中のすべての用途について40 CFR 721.45（f）の適用除外を維持するよう求めたものもありました。

　使用中のすべての使用（新規でない既存利用）であるとの要求は、EPAがレビューし、要求を明確にするためにコメンターに追加情報を要求し、特定の化学物質の「重要な新規用途」の特定の継続的活動の定義を確認して除外したとあります。

　SNURはケースバイケースでリスク評価されます。

📖　参考情報

* 1　https://www.epa.gov/international-cooperation/persistent-organic-pollutants-global-issue-global-response

* 2　https://www.regulations.gov/document?D=EPA-HQ-OPPT-2013-0225-0112

* 3　https://www.epa.gov/sites/production/files/2020-06/documents/10010-44_prepubcopy_fr_doc_epa_admin_esign_2020-06-22final.pdf

* 4　https://www.law.cornell.edu/cfr/text/40/721.160

* 5　https://www.law.cornell.edu/cfr/text/40/721.45#f

第7章

自律的マネジメントシステム

自律的マネジメントシステム

　有害化学物質の非含有などの順法保証の取組みの具体化は悩ましいところで、品質保証も同じ悩みを経験しています。

　1987年３月にISO9001の初版が発行されました。背景にはEU（当時はEC）の経済統合による品質重視があり、購入者と供給者の二者間の取引で用いることが念頭にありました。

　1987年当時の日本は、バブル景気で生産も活発で、製品はすべて検査して品質を確認する品質管理の取組みも限界に来ていました。このような時に、仕組みで品質を保証するISO9001が登場しました。品質管理から品質保証への移行という大変革でした。

　仕組みで品質が守れるのか、検査をしないで品質が確認できるかとの論争が多くの企業で行われました。しかし、2020年にこのような論議をしている企業はないと思います。

　品質は仕組みで保証するのが当たり前になっています。

　有害化学物質を製品に使用しない、あるいは、混入していないことを仕組みで保証する要求は、化審法、REACH規則、POPs条約、水銀条約、紛争鉱物開示規制やRoHS指令など数多くあります。

　非含有を出荷検査で確認するのが確実と思われがちです。しかし、コスト面以外でも、食品関連業界でいわれる化学物質の混入や非意図的副生成物管理のNIAS（Non-Intentionally Added Substance：非意図的添加物質）は、検査で保証することは困難で、仕組み（システム）で保証するしかありません。

　順法保証システム（Compliance Assurance System：CAS）の基本構成をEU RoHS指令を例として説明します。

1．RoHS指令が要求するCAS

　RoHS（Ⅱ）指令は、EU域内で適用され、「製造者」はEU域内の製造者を意味し

自律的マネジメントシステム

序章

第1章

第2章

第3章

第4章

第5章

第6章

第7章

自律的マネジメントシステム

ます。ニューアプローチ指令では、ブルーガイド2016で、「製造者」はEU域内の製造者に限定しないとし、EU域外国の製造者はEU域内国の製造者と同等に扱われます。

　ただ、EU域外国の製造者をEU当局は直接拘束できませんので、輸入者を介して拘束します。

　RoHS指令第7条で製造者の義務を要求しています。

＜第7条　（製造者の義務）＞

　（a）電気電子機器を上市する時は、製造者は第4条に規定されている要求に従い設計、製造されていることを確実にすること。

　（b）製造者は、要求されている技術文書を作成し、決定No 768/2008/ECの附属書IIのモジュールAに従い、内部生産管理手続きを実施するかまたは実施させること。

　（c）電気電子機器の適切な要求への準拠が（b）に言及される手順より証明される場合、製造者は、EU適合宣言書を作成し完成品にCEマーキングを貼付すること。

　他のEU法令が少なくとも同程度に厳しい適合性評価手順の適用を要求する場合、製造者はこの指令の第4条（1）の要求に準拠していることを上記手順の文脈に含めて証明してもよい。一つの技術文書作成で済ませてもよい。

　（d）製造者は、技術文書とEU適合宣言書を当該電気電子機器の上市後10年間保管する。

　（e）製造者は、適合性を維持するためにシリーズ製品に対する手順が決まっていることを確実にする。

　製品設計または特性の変更、および電気電子機器の適合性宣言で参照している整合規格又は技術仕様の変更に対する手順が適切に考慮されなければならない。

　（f）製造者は、非適合電気電子機器および製品リコールの記録を保持し、それについて流通業者に告知できる状態にしていなければならない。（以降略）

　e項でCASの要求をしています。

　電気電子機器メーカーは、多くのサプライヤーの協力を得て製品を完成させています。また、サプライヤーは多段（Tier-1、Tier-2、Tier-3……）になっていますの

で、目に見えない有害化学物質の非有を確認することが負担になっています。

第16条で、サプライチェーンマネジメントの要求が示されています。

＜第16条（適合性の推定）＞

　1.反証がない場合、加盟国はCEマーキングが貼付された電気電子機器は、本指令に適合しているものとみなすこととする。

　2.EU官報にて通達された整合規格に則り、第4条の規定の順守（特定有害物質の非含有）を確認するための試験もしくは対応がされた、もしくは評価がされた材料、部品および電気については、本指令に適合しているものとみなすこととする。

　RoHS指令の整合規格IEC63000：2018（2020年5月18日にEN50581：2012に置き換え）の序文に次の記述があります。

　成分または材料レベルで適用されるこれらの制限については、電気電子製品の製造業者が、最終組立製品に含まれるすべての材料に独自の試験を実施することは非現実的である。

　その代わりに、製造業者はサプライヤーと協力して順法管理し、順法の証拠として技術文書を作成する。

　このアプローチは、産業界と法執行当局の両方で十分に認識がされている。

　この内容は、EN50581:2012と同じですが、サプライチェーンマネジメントが要求されています。

2．規制当局が求めるCASの運用

　2006年5月にEU（当時はEC）加盟国の市場監視当局が"RoHS Enforcement Guidance Document"*1を公開しました。当時はRoHS（I）指令（2002/95/EC）の施行日（2006年7月1日）直前で、企業対応の情報が少なく、貴重な情報として利用されました。このガイダンスは、RoHS（I）指令には「維持する必要のあるコンプライアンス文書」や「実施する必要のある執行手順」に関する要件を規定していなかったので、これらの問題に関して拘束力のないガイダンスとして、執行当局のために開発されたものです。

自律的マネジメントシステム

序章

第1章

第2章

第3章

第4章

第5章

第6章

第7章

自律的マネジメントシステム

ガイダンスは各加盟国執行当局の運用に関する基本原則です。

1）RoHS指令の範囲内にあるとみなされる製品について、加盟国全体で一貫して適用する共通の解釈

2）指令の範囲内にある製品の適合の推定

3）生産者による自己宣言

このガイダンスはRoHS（I）指令のものですが、執行当局の基本的な考え方は踏襲されるので、参考になります。

（1）要求される文書

製造者は執行当局の求めに応じてコンプライアンス文書（技術文書）を執行当局に提示しなくてはなりません。文書（Documentation）によるRoHS指令適合評価のフローチャートでは、次が要求されます。

■ 文書を用いたRoHS適合性評価のフローチャート

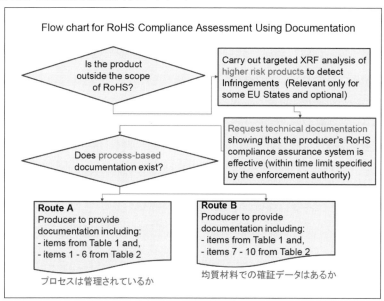

出典：RoHS Enforcement Guidance Documentを基に筆者作成

フローではルートAとルートBに分かれます。

ルートAは、電気電子機器の最終製造者を意図しており、ルートBは小規模企業の川中の部品のサプライヤーを意図しています。

（ⅰ）共通事項

・連絡先

　RoHS指令施行の要求を処理する組織内の連絡窓口

・会社情報

　組織の規模、製品範囲、おおよその売上高

・コンプライアンスへのアプローチ

　製造者が実施しているRoHS指令の遵守を支援するのに適したコンプライアンスシステムの概要

・データ品質システムの概要（コンプライアンスを示すためにサプライヤー情報に大きく依存している場合）

　リスクアセスメント、合格基準、購買手続、およびその他の関連文書が含まれ、プロセスベースおよび製品/部品ベースの両方の文書の組み合わせ

（ⅱ）ルートAのコンプライアンスシステム（CASの説明文書）

①順法保証システム

・システムの目的、その本質的な要件と仕様の定義。この仕様は、企業内およびサプライチェーン内の両方のコンプライアンスをカバーする必要がある

・システムの要件を実装し、組織の品質管理システムに統合された、正式に定義されたプロセス

・必要な訓練、ツール、インフラストラクチャとともに、システムの要件への適合性を保証するためのプロセスと手段をサポートする技術文書システム（紙and/or電子）

②順法保証システムの運用の確証

・順法保証システムおよび/またはプロセスを検証するための社内監査およびサプライヤー監査の結果（例えばコンプライアンスを保証するための供給者の能力）

・製品評価（製品群分類と適用除外の使用の正当化を含む）、材料宣言、調達、在庫及び生産管理、並びに必要に応じた物質分析などの項目や製品固有の適合性評価の結果を含めたシステムが順守されている証拠

・RoHS準拠データの管理に使用される内部データシステムの概要

自律的マネジメントシステム

序章
第1章
第2章
第3章
第4章
第5章
第6章
第7章
自律的マネジメントシステム

（ⅲ）ルートBのCAS文書
①順法保証システム
・制限物質の使用が許可されたレベルにあることを宣言する生産者または供給者の証明書
・各部品の製造者または供給業者の完成製品の宣言（改訂部品の改訂を含む）およびRoHS指令の分類と免除の使用の正当化（RoHS物質のリストに限定した物質宣言）
・部品/コンポーネントの均質材料（生産者または供給業者が内部または外部の試験結果を所有する可能性がある）の分析レポート（試験結果は、部品/コンポーネント内の均質材料を指す）
②順法保証システムの運用の確証
・信頼できるかどうかを判断するために材料宣言が評価され、文書化されたコンプライアンス手順を参照する

　ルートAは仕組み（CAS）で順法保証し、ルートBは受入検査で順法保証するイメージです。ルートA、ルートBともに、順法の仕組みの手順を文書で示す必要があり、その手順が運用されていることを示すことも必要です。
　認証されたISO9001の仕組みは要求されていませんが、マネジメントシステムにRoHS指令の要求事項を統合することが要求されています。ルートBの小規模企業は、QC工程表、フローチャートなど工程管理手順でもよいとされています。

　ガイダンス文書第2章に、「RoHS適合文書（RoHS Compliance Documentation）」があります。Compliance Documentationは順法の概要の文書作成、記録などの作業を指すのですが、"Documentation"と"Documents"の差を認識しないで、第3章の「サンプリングと試験結果（Sampling and Testing Issues）」での対応が重視されがちです。
　第2章のDocumentationとして、フロー図が示され、"process-based documentation"の存在が確認されています。大手企業にはルートAとし、CASの構築が必須となっています。
　CASの確証（Evidence of Active Control of the CAS）として、RoHS（Ⅱ）指令の整合規格EN IEC63000：2018で示しているサプライヤーからの順法文書の「RoHS

指令特定有害物質に関する材料宣言」「適合宣言」「分析報告」が入っています。

　ルートBは、小規模企業が利用できますが、順法の「材料宣言（materials declarations）」は、購入者による妥当性の評価がセットになっています。

　ガイダンス文書では、大手企業に「生産者自己宣言」として通常のマネジメントシステムにRoHS指令の要求事項を統合したCASを求めています。

　RoHS（Ⅱ）指令はニューアプローチ指令になり、第7条（製造者の義務）で、決定768/2008/ECモジュールAの手順による内部生産管理手順（通称自己宣言）を要求しています。

3. 整合規格　EN IEC63000：2018の要求

　RoHS（Ⅱ）指令の第16条（適合の推定）2項で「EU官報で通達された整合規格に則り、第4条規定の順守（特定有害化学物質の非含有）を確認するための試験もしくは対応がされた、または評価がされた材料（素材、部品、アッセンブリや製品）については、本指令に適合しているものとみなすこととする。」とされています。

　2018年12月にIEC63000:2016をEN規格（ヨーロッパ標準）として発表しました。

　附属書ZZ（参考資料）で、「この整合規格の第4章に準拠することで、技術文書が指令の要件に従って作成されることを保証する。」としています。

　第4章は従前の整合規格のEN50581と同じです。

　前文で、「IEC 63000は、EN 50581:2012に基づいている。EN 50581:2012が広く受け入れられていることを踏まえ、本文をできるだけ原文に近づけておき、この分野における国際標準化の最新の状況を反映するために必要な最低限の変更に限定することとした。本規格は、欧州委員会および欧州自由貿易協会によってCENELECに与えられた権限の下で作成され、EU指令2011/65/EUの必須要件をサポートする。」としています。

　IEC 63000の引用規格はIEC62321（特定物質の定量）とIEC62474:2012（マテリアルデクラレーション）です。chemSHERPA（ケムシェルパ）は、IEC62474のXMLスキーマのデータベースの収載物質が対象です。情報伝達のツールとしてchemSHERPAが注目されます。

　技術文書（Technical Documentation）は、整合規格EN IEC63000：2018（有害物質の使用制限に関する電気・電子製品の評価のための技術文書）により作成することを要求しています。EN IEC63000：2018は構成する技術文書のなかの「材料、部品、

自律的マネジメントシステム

序章
第1章
第2章
第3章
第4章
第5章
第6章

第7章

自律的マネジメントシステム

および/または半組立品に関する文書」として、必要とされる構成文書の種類を4.3.3項（情報（Information）収集）で示しています。

　a）サプライヤーの宣言（Declaration）and/or契約書（Contractual Agreements）and/or

　b）材料宣言（Material Declaration）and/or

　c）分析試験結果

4.3.3項の文書（情報）の種類は、4.3.2項（必要な情報の決定）により決定します。

材料、部品、半組立品に必要とされる技術文書の種類は（4.3.3項のa）、b）、c）がand/orとなっていますので、すべて集める必要はない）、製造者の評価に基づくべきです。

BOM Checkのガイドでは、①材料、部品、半組立品に制限された物質が含まれている可能性と②のサプライヤーの信頼性のマトリックスで、4.3.3項の情報の種類を決定することを推奨しています。

このため、適合宣言をする製品の構成部品、材料の構成表（BOM；Bill of materials：部品表）を作成し、個々の部品についてマトリックスで評価して、情報の種類を確定することになります。

この方法ですと、設計が終わらないと調達する材料、部品、半組立品等の順法判断ができないという欠点があります。"RoHS Enforcement Guidance Document"のルートAに準拠して、社内標準品については、あらかじめ順法判断をしておいて、設計は順法確証済みの社内標準品しか使わないというルールにします。設計時に新規材料、部品、半組立品等を採用したい場合は、順法判断を担当部署に申請し、担当部署が評価し、社内標準品として登録するようにします。

同時に、サプライヤーや社内工程についても、ルートBに準拠して順法判断して、登録します。

ものづくり全般について、あらかじめ順法判断された方法で通常作業を行います。この通常作業で順法保証ができます。

■ 通常作業で順法保証

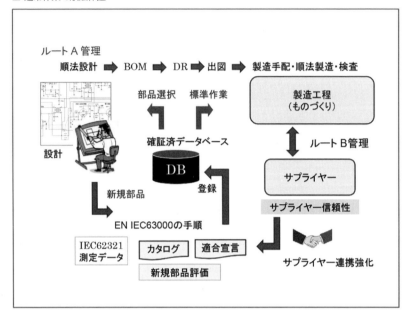

　上図の確証済データベースは大がかりなものではなく、Excel表でも構いません。

　整合規格EN IEC 63000 : 2018のEN 50581との大きな変更点に、適合宣言、情報伝達の対象となる物質が、IEC 62474のデータベース*2に示された物質に拡大されます。

　この対象物質がDSL（Declarable Substance List）で、2020年6月25日版で約160エントリーとなっています。RoHS指令の10物質群、POPs条約物質、REACH規則のCLSや米国のCPSIA対象物質などですが、これらの対象物質のうちで、電気電子機器に使用される可能性のある物質が抽出されています。

　整合規格の定義について、CEマーキングに関する解釈を支援するブルーガイド2016の4.1.2.1では、「整合規格の適用は任意のままである」とし、4.1.2.2で「整合規格は、法的拘束力のある必須要求事項に置き換わることは決してない」としています。

自律的マネジメントシステム

序章

第1章

第2章

第3章

第4章

第5章

第6章

第7章

自律的マネジメントシステム

　一方、4.1.2.2で「整合規格の全ての規定を適用しないことを選択した場合は、どのように適合を達成したか、または、関連する必須要求事項が製品に適用されないことを、自社のリスクアセスメントに基づいて技術文書に記載することが必要である」としています。

　したがって、一般企業では、整合規格が事実上強制適用となります。

　EN IEC 63000：2018は、IEC 62474：2012を引用規格としていますので、一体運用となります。EN IEC63000：2018の4.3.3（情報収集）b）では、「材料宣言内容は、該当する物質について、IEC 62474：2012　4.2.3に規定された要件を満たすべきである（should　meet……）」とし、IEC 62474：2012　4.2.3では「IEC62474のデータベースでその物質または物質群に記載されている報告すべき用途に該当する場合には報告しなければならない」としています。

　このように、順法判断が求められていますが、法的基準でもなく、すべてが強制ではありません。

　IEC62474のデータベースのDSLに収載する基準は、IEC 62474：2012の5.2の表に示されていますが、基本は「電気電子製品に適用される法規制に明確に適用される物質」です。

　DSLでは、"Basis Description"の項で、適用法令が明記されており、EUだけでなく米国の法規制も含めています。

　DSLへの物質収載はVT（バリデーションチーム：専門家）が決定しますが、適用法令、適用物質の完全なリストではありません。

　EU RoHS指令だけの順法情報伝達であれば、10物質群の非含有宣言で構いません。しかしEUでは、上市する時にその時点で適用されるEU法規制が同時に適用されます。したがって、DSLに記載されているEU法規制については、該当する項目を川下（顧客）に伝えることが必要です。

４．リスクアセスメント（サプライヤーから購入する部品類の含有の可能性）

　制限物質が含まれている可能性は、EN IEC63000：2018では、「製造者の技術判断による」とし「技術情報によってよい」としています。

技術情報としてはIEC62321-2（分解、分離及び機械的サンプルの調製）の附属書Bに、RoHS指令の特定有害物質の鉛、水銀、カドミウム、六価クロム、PBBおよびPBDEの含有の可能性を主要なコンポーネント、材料が示されています。企業では、図面や部品表を見てこのような情報を参考にして、リスクを見積もることになります。

構成部品類の含有の可能性の基準は次のような考え方で決めることもできます。

（1）素材によるリスク

鉄板、アルミ板やゴムシートなどの素材はJIS規格、ミルシートやSDSで確認します。

例えば快削鋼のJIS材の規格は次です。

JIS G 4051 S45CL: 鉛（Pb） 0.10～0.30%

JIS G 4051 S45CS2:   鉛（Pb） 0%

附属書IIIの鉛の除外は0.35%ですので、0.35%を超える可能性は、

JIS G 4051 S45CL＞JIS G 4051 S45CS2です。

この可能性をH、M、Lや点数化などで評価することになります。例えば、JIS G 4051 S45CL＝リスク3、JIS G 4051 S45CS2＝リスク0などとします。

銅合金（真鍮）は、JIS H 3250 C3604は鉛が1.8～3.7%ですが、JIS H 3250 C6804は鉛が0.01～0.1%です。附属書IIIの鉛の除外は4%ですので、JIS H 3250 C3604はリスク4、JIS H 3250 C6804はリスク0とします。

米国のCPSIAは、子供向け製品、玩具などについて、重金属の移行量やフタル酸エステル類の含有量の測定を要求しています。しかし、例えば、ステンレスにはフタル酸エステル類の含有はあり得ません。材料により、測定するまでもなく、特定有害物質が使用されていないことが宣言できる規定があります。

連邦法15章§2063（Product certification and labeling：製品認証とラベリング）（d）B[*3]で、「第三者試験負担の軽減を目的に、第三者試験をすることなく、適用される消費者製品安全規則、禁止、基準または規制に適合する十分な保証を提供することができる」規定があります。

この規定により、測定が免除された製品があります。

（2）木材製品のリスク

米国では2020年6月1日に、連邦規則集タイトル16（商慣行）§1252.3（子供向け製

自律的マネジメントシステム

序章
第1章
第2章
第3章
第4章
第5章
第6章
第7章

自律的マネジメントシステム

品、子供向け玩具および子供向けのケア用品：木を原材料に工場で二次加工した特定木質材料（Engineered wood）製品）[4]において、鉛、ASTM F963の金属の移行量、およびフタル酸エステル類の含有制限を超えないとしました。

　特定木質材料は、パーティクルボードや合板などですが、未使用の木材または使用前の木材廃棄物（木材加工工場の木くず）から作られた未処理で未完成の要件があり、§1252.2に詳細条件が定義されています。

　フタル酸エステル類はポリ酢酸ビニル接着剤を使用していないなどの要件もあります。

注：未処理木材は防腐処理などをしていない樹幹部材（untreated trunk wood）で、未処理の集積材（untreated and unfinished engineered wood products）は、バージン材や使用前の廃材（木材工場の廃材）などから製造された集積材です。

（3）繊維製品のリスク

　同じく米国では、§1253（未完成の製造繊維に関するASTM F963要素とフタル酸エステル類に関する決定）[5]が出されました。

　以下の素材には、ASTM F963要素の移行限界は超えないとしています。

（1）ナイロン

（2）ポリウレタン（スパンデックス）

（3）ヴィスコース・レーヨン

（4）アクリルおよびモダクリル

（5）天然ゴムラテックス

　以下の素材には、フタル酸エステル類は含有量制限を超えないとしています。

（1）ポリエステル（ポリエチレンテレフタレート：PET）

（2）ナイロン

（3）ポリウレタン（スパンデックス）

（4）ヴィスコース・レーヨン

（5）アクリルおよびモダクリル

（6）天然ゴムラテックス

注：未完成の製造繊維（unfinished manufactured fibers）とは、「繊維の製造に必要なもの以外の化学添加物を含まない繊維」を意味し、色、または難燃性などの望ましい性能特性に影響を与える化学的添加物は含まれていない生地で、「生成

り」といわれる生地などが相当します。

（4）プラスチック製品のリスク

§1308.2（指定プラスチックの判定）[6]で、以下のプラスチックへのフタル酸エステル類の含有量制限を超えないとしています。素材により安定剤、添加剤や着色剤などの使用を含めています。

（ⅰ）ポリプロピレン（PP）

（ⅱ）ポリエチレン（PE）

（ⅲ）汎用ポリスチレン（GPPS）、中衝撃ポリスチレン（MIPS）、耐衝撃性ポリスチレン（HIPS）、超衝撃性ポリスチレン（SHIPS）

（ⅳ）アクリロニトリル ブタジエン スチレン（ABS）

これら材料はリスク0とし、リスト外はリスク5などとします。

（5）汎用材のリスク

ICなどの電子部品やユニットのような汎用品で、仕様が開示され市販品として購入できるものです。

この場合はメーカーの仕様書やカタログが利用できる場合があります。仕様書などでRoHS指令対応など記載していればリスク0とします。

市販ユニットにはCEマーキング対応している場合もあります。この場合はDoC（Declaration of Conformity：適合宣言書）の確認でリスク0にします。

（6）仕様付購入品のリスク

設計図面により加工を依頼する場合です。

（a）汎用材を図面や納入仕様書で、ケーブル長の調整のような物理的加工を委託する場合

（b）汎用材を塗装やめっき処理のような化学品を扱う工程を委託している場合

（c）射出成形のような化学品の加工を委託している場合

材料と工程のリスクが重畳します。

（7）作業工程のリスク

素材に特定有害物質を含有していなくても、塗装などのように作業で特定有害

自律的マネジメントシステム

序章
第1章
第2章
第3章
第4章
第5章
第6章
第7章
自律的マネジメントシステム

物質を含有する可能性があります。例えば、次のようなリスク表を作ります。なお、記載のリスクは精査した値ではなく、考え方の参考用です。

　なお、その他のリスクとしては、原産地国リスク、部品重量リスクや個数リスクなどがあります。

■ 材料リスク

区分	分類	条件	スコア
汎用品	金属	メーカーの信頼性明確 メーカーの信頼性不明	1 3
	樹脂	素材に塩ビを含む 素材にゴムがある 素材は塩ビ、ゴム以外	5 3 1
	塗装・鍍金処理	電気めっき処理 化学めっき処理 塗装処理	1 3 3
	電子部品	メーカーの信頼性明確 メーカーの信頼性不明	1 3
	その他	メーカーの信頼性明確 メーカーの信頼性不明	1 3
図面仕様品	金属	材料指定をしている 銅合金 ステンレス アルミ その他	1 3 1 2 2
	樹脂	材料指定をしている 素材に塩ビを含む 素材にゴムがある 素材は塩ビ、ゴム以外	1 4 3 2
	塗装・鍍金処理	サプライヤーを指定している サプライヤーが不明	1 3
	その他	サプライヤーの信頼性明確 サプライヤーの信頼性不明	1 3

５．リスクマネジメント（リスクのウェイト付けと加算）

　リスクを数値化した例を示しましたが、項目内（塗装とめっきなど）と項目間（材料と工程など）のウェイト付けも必要です。

　これを矛盾なく決めるのは難しいのですが、一対比較法などを利用し決定します。一対比較法はインターネットや成書で手法をご確認ください。

　各項目のリスクを合計して、その合計値で、リスクを１〜５点に区分します。これによりリスクの加算ができます。

（1）材料リスク

材料や部品等のリスクは、汎用品と自社で設計し加工している（図面仕様品）場合とでは、リスクが異なります。汎用品はメーカーの信頼性が基本となります。図面仕様品は素材や加工の種類でリスクが決まります。以下のようなスコアが考えられます。

（2）サプライヤーの信頼性

整合規格EN IEC63000：2018は、サプライヤーの信頼性（信用格付け）についての具体的な言及はなく、「発注部品の材料等」「発注部品の含有の可能性」「過去の実績」「検査結果」などを加味するとしています。日本の商習慣からは、サプライヤーはパートナーとして、上下関係としない考えを基本としています。サプライヤーは簡単に代えることができないのが実態です。

したがって、サプライヤーとは対峙する関係ではなく、連携を強化し、法的要求事項の提供や教育を行い、サプライヤーの信頼性を確保することが肝要です。

サプライヤーの信頼性は、RoHS（Ⅱ）指令に伴う要求を理解し、要求を満たす管理状態を維持できるかになります。

特定有害物質の非含有を管理状態に維持するためには、CASの構築が望まれます。多くの場合にサプライヤーは中小規模事業者で、めっき、塗装、切削など単工程が多く、仕組みは複雑ではありません。QC工程表で管理状態が確認できればCASにすることも可能です。

例えば、以下のようなランク付けをします。

・ISO9001の認証企業：ランクA
・QC工程表の提示企業：ランクB
・管理されているが作業者に依存している企業：ランクC
・管理状態が客観的に確認できない企業：ランクD

（3）確証（エビデンス）の決定

サプライヤーの信頼性と調達する材料（素材、部品、アッセンブリなど）に特定有害物質を含有する可能性（リスク）から、サプライヤーから提供を受ける確証（エビデンス）を決めます。

自律的マネジメントシステム

序章

第1章

第2章

第3章

第4章

第5章

第6章

第7章

自律的マネジメントシステム

■ 確証の決定

リスク サプライヤー	材料リスク			
	3点未満	*6点*	*9点*	*12点以上*
信頼度Aランク	確証1	確証2	確証3	確証4
信頼度Bランク	確証2	確証2	確証3	確証4
信頼度Cランク	確証3	確証3	確証4	確証4
信頼度Dランク	確証3	確証4	確証4	確証5

確証1 ：カタログ・仕様書等
確証2 ：サプライヤー適合宣言書、グリーン調達に関する合意書等
確証3 ：確証2及びRoHS指令（2011/65/EU,（EU）2015/863）適合証明書
確証4 ：確証3及びISO9001マネジメントシステムの第三者認証書（コピー）
確証5 ：確証4及び試験分析データ

6. CASとTD（Technical Documentation）の例示

製造工程およびその監視は"ものづくり"全般に要求されます。"ものづくり"の手順が、ISO9001で整理されていれば、「ものづくりフロー」（いわゆる品質保証体系図/プロセス関連図）が5W1Hでまとまっています。

「ものづくりフロー」が文書化されていない場合は、自社の情報の流れをExcelなどでまとめます。例外処理も多々あると思いますが、メインフローを中心に作成し、その後折に触れて追加修正をしていきます。

既存または作成した「ものづくりフロー」にRoHS（Ⅱ）指令の要求事項をマッピングしていきます。マッピングすべき事項は、第1条から第16条、附属書から企業が対応すべき要求事項を箇条書きにし、それらを「ものづくりフロー」に書き込み、最終的には必要事項を文書化（手順書）します。

例えば、RoHS（Ⅱ）指令第2条で適用範囲が示されています。新製品を開発するときに、その製品がRoHS（Ⅱ）指令に該当するのかを評価しなくてはなりません。誰が、どの段階で、どのように決定するのか、「ものづくりフロー」上に記載（マッピング）します。

実際には、EU RoHS（Ⅱ）指令以外に中国RoHS（Ⅱ）管理規則やEU REACH規則なども同様にマッピングすることになります。

7. CAS説明書（品質マニュアル）と技術文書

「ものづくりフロー」にマッピングしたRoHS指令等の要求事項を品質マニュアル、手順書や帳票に落とし込みます。

例えば、設計プロセスは次のようになります。

（1）CAS（手順書）

以下、例示します。

＜設計・開発へのインプット＞

製品開発は、開発要素の難易度や占有率から製品開発クラスをAからCに区分する。

A：従来採用していなかった新技術を基本とした新製品の開発

B：既存製品の技術を基本とした新製品の開発

C：既存製品の部分改造する新製品の開発

1）インプットは次項とする。これらは記録として維持する。

①製品開発のクラスAの場合

新製品開発計画書、開発計画日程表、デザインレビュー計画等

②製品開発のクラスBの場合

新製品開発兼登録申請書

③製品開発のクラスCの場合

改造仕様書

④安全設計基準

⑤順法設計基準

⑥製品に適用される法規制（RoHS指令、EMC指令、低電圧指令、ErP指令など）及び規格（EN IEC63000、EN55032）等

これらの引用文書は、順法文書リストとして維持管理する。

2）インプットレビュー

開発部署は、設計計画の詳細とインプットを新製品開発計画書、または新製品開発兼登録申請書、見積書、並びにこれらの構成文書にまとめ、関連部署の代表と共にこれら文書の適切性をレビューする。

開発クラス、売上規模など事業経営上重要な製品の場合は、新製品開発計画書は、経営会議で経営の総合評価を得る。

3）設計者は、順法認証済データベース「TMDB」（例示のデータベース名称。自社のデータベースの名称とする）に収載された材料、部品や半製品（ユニット）により設計する。TMDBの収載手順は「TMDB登録手順」に定める。TMDBに未収載の材料、部品や半製品（ユニット）を使用する場合、および/または新規の作業工程、

自律的マネジメントシステム

序章

第1章

第2章

第3章

第4章

第5章

第6章

第7章

自律的マネジメントシステム

作業方法を指定する場合は、品質保証部署に採用の可否の評価を依頼する。品質保証部署は出図までにこれを評価し、順法性が評価できた場合は購買部署がTMDBに登録する。TMDBの構成は、材料、部品や半製品（ユニット）の技術データ、購買データ、順法データなどで構成しており、順法データの見直し期間なども含める。

（2）TD（Technical Documentation）

技術文書には、品質マニュアルの要約を記述します。技術文書は社外者が理解できるように、社内では常識として記述しないような事項も補説します。営業秘密的な事項は記載しませんが、ある程度具体的に記述して、当局などから下位文書の提出要求がないようにすることをおすすめします。

TDの目次例を以下とします。

§ 1. GENERAL DESCRIPTION

§ 2. EMC DESCRIPTION

§ 3. SAFETY（LVD）DESCRIPTION

§ 4. RoHS DESCRIPTION

4.1 Typical List of Overview Documentation

4.1.1 RoHS Directive（2011/65/EU）

4.1.2 Category of EEE

4.1.3 Approach to Compliance

4.1.4 Estimation of Compliance with Materials, Parts and EEE

4.2 Typical Compliance Documentation

4.2.1 A Definition of the Compliance Assurance System

4.2.2 A Formally Defined Process

4.2.3 A Technical Documentation System

4.2.4 Evaluation of Compliance

4.2.5 Evidence for the System

4.2.6 Overview of Any Internal Data System

4.2.7 Explain RoHS Evidence Sheet from Supplier

4.2.8 RoHS Compliance Check List

4.3 The Applicable Standard

§ 5. DECLARATION OF CONFORMITY

§ 6. APPENDIXES

　CASの設計プロセスの一部を例示してみます。

4.2 Typical Compliance Documentation

4.2.1 A Definition of the Compliance Assurance System

　（1）CASの目的

　当社製品はDecision No 768/2008/ECの附属書ⅡのモジュールAに従い、「内部生産管理手続き」により製造します。この「内部生産管理手続き」を実施していることを確実なものにするために、当社のISO9001品質マネジメントシステムにRoHS指令を統合したCASを構築、運用、維持しています。

　（2）CASの概要

　開発管理、設計管理、製造管理、購買管理、サプライヤ管理、販売管理や不適合品管理などの製品に関わるすべての工程を対象としています。

　設計工程、製造工程などで引用する基準類は"Matsuura Design Standards"（MDSと呼称）として定めています。

　基準類には、「法規制要求基準」、「部品、材料およびユニットのリスク評価表」、「サプライヤ評価基準」などのRoHS指令等が要求する関連事項を含めています。

　（ⅰ）開発設計管理

　a）開発提案フェーズ

　社是、中期新製品開発計画、年度新製品開発計画、市場や顧客ニーズを踏まえて、開発部署が新製品の企画を「開発企画書（案）」にまとめます。

　起案時に「指定管理文書」に収載されている次項を考慮します。

　・製品に適用される法規制

　・法規制の改正情報

　・法規制の改正の動き（販売時点で改正が見込まれる改正内容）

　「指定管理文書」は「文書管理規定」（文書番号CAS-P-751）により、文書名と更新主管部署を特定し、最新情報の更新を行っています。

　「開発企画書（案)」は社長および各部署の長で構成される経営会議で承認を得ます。

自律的マネジメントシステム

序章

第1章

第2章

第3章

第4章

第5章

第6章

第7章

自律的マネジメントシステム

b）開発計画フェーズ

承認された「開発企画書」から、開発部署が「開発計画書」を作成します。「開発計画書」には、開発日程表、デザインレビュー会議日程や担当部署編成表などの構成文書を含めています。

「開発計画書」は技術管理部署が主催する構想デザインレビュー会議で関係部署によって審査します。

「開発計画書」には、新製品の販路にEUを含める場合は、RoHS指令の適用の該否、附属書Iの製品カテゴリを特定します。

この際に、「指定管理文書」により法規制、規格等の最新情報を確認します。

類似製品で作成された「標準技術文書（TD）ひな型」に基づいて、構成の確認や試験計画等の確認を行い、担当部署などを明確にします。

c）試作設計フェーズ

承認された「開発計画書」および構成文書により、基本設計、新工法の検証、試作評価を行います。

これらの基本設計、部分試作などの評価結果等を技術管理部署が主催する関係部署による試作レビュー会議で適用される法規制の順法性を含めて審査します。

d）詳細設計フェーズ

設計部署が試作レビュー会議で承認された基本設計から組図、部品図を設計します。

詳細設計は順法認証済DBに登録された部品、材料、ユニット、EEEを使用し、順法認証済DBに登録された製造工程や作業方法を指定します。

設計部署は、順法認証済DBに登録されていない部品、材料、ユニット、EEE、製造工程や作業方法を採用したい場合は、品質保証部署に順法性等の評価を依頼します。

品質保証部署は順法性等の評価（4.2.4項参照）を行い、適合性が確認できた場合は順法認証済DBに追加登録します。

組図、部品図、仕様、基本検査基準等は、品質保証部署が主催する製品デザインレビュー会議で審査します。

製品構成は、階層型BOMを採用しており、製品に使用する材料、電子部品、EEEは階層型BOM（Bills of materials）により、材料、電子部品、ユニット、EEE等に付与されたユニークな11桁の識別番号（Parts　No：PN）により紐付け

（Product Structure：PS）されています。

　構成している材料、部品、ユニットおよびEEEの要素はPNをキーとして、順法認証済DBで順法情報（Parts Master:PM）が確認できます。PMの項目は、技術的仕様、サプライヤー情報や特定有害物質の非含有などの順法情報を含めて構成しています。

　製品デザインレビュー会議では、BOMに収載された部品、材料やユニットが、順法認証済DBに収載されていることを確認します。

　e）適合宣言

　開発部署は製品デザインレビュー会議の承認を得て、順法確認文書などを整理して技術文書を作成し、適合宣言（DoC）をします。

　DoCの承認は品質保証部署長が行います。

　これらの新製品開発手順は「新製品開発管理規定」（CAS-P-831）および下位の要領書等で詳細化しています。

　（中略）

4.2.6 Overview of the Internal Data System

　（1）順法認証済データベース

　各種評価結果およびサプライヤーから収集した根拠資料類はすべて順法認証済データベースに格納します。この順法認証済データベースをTMDBと呼称し、TMDBによって、各材料、部品、ユニット、電気電子機器（EEE）および製品単位で順法確認が可能になり、設計、購買等の各段階で活用します。

　製品の開発にあたり、設計は、TMDBに収載された部材を選定します。

　設計の指示に基づき、購買は、部材、作業等の手配にあたり、TMDBに収載された材料、部品、ユニット、EEEおよび加工・作業を注文書によってサプライヤーに発注します。

　（2）TMDBの構成

　TMDBは２つのブロックで構成されています。各ブロックは11桁（２桁は版番）のユニークなParts No.で関連付けをしています。

　（ⅰ）設計ブロック

　設計ブロックは設計のアウトプットで、Parts No.をキーとして次の主要項目等から構成されています。

　・品名

自律的マネジメントシステム

序章

第1章

第2章

第3章

第4章

第5章

第6章

第7章

自律的マネジメントシステム

・型式

・仕様

・メーカ名（購入品）

・重量

・使用数

（ⅱ）順法ブロック

Parts No.をキーとした順法情報の主要項目で、次の主要項目等から構成されています。

・順法宣言者名

・順法宣言者の識別情報

・順法宣言フラグ

・RoHS指令附属書Ⅲ及び附属書Ⅳの適用の有無

・順法確証の種類と識別番号

（3）TMDBへの登録手順

順法認証済DBは品質保証部署が登録を行い管理します。

（以下略）

8．もう1つのDoC（DECLARATION of COMPLIANCE）の利用

　川中のサプライヤーの困惑事例として、顧客から部品・ユニットに対してEU RoHS（Ⅱ）指令の特定有害物質の非含有とCEマーキングを要求される場合があります。

　しかし、規則765/2008/ECの第30条で、ニューアプローチ指令（RoHS（Ⅱ）指令等）の適用範囲の電気電子機器以外はCEマーキングの貼付は禁止されます。

　このため、最終製品以外のサプライヤーは、EN IEC63000：2018 4.3.1項のサプライヤー宣言以下の3分類4種類の確証を提供することになります。

　一方で、顧客からの非含有保証対象の化学物質は、EU RoHS（Ⅱ）指令や中国RoHS（Ⅱ）管理規則対象ではない場合や、電気電子機器の構成部品ではない場合などもあり、対応に苦慮しているのが実情のようです。

　顧客要望に合わせて対応することは重要ですが、サプライヤー側から順法宣言を行い、顧客に連絡することを考えたいと思います。これは「供給者宣言」で新しいものではないのですが、サプライヤーの立場から使用用途（適用法令）を決め

て、宣言するものです。

EN IEC63000：2018の引用規格はIEC 62474：2012ですが、IEC 62474：2018は4.7項で受領者を特定しない順法判断情報宣言、成分情報宣言を提供する「提供型」を示しています。もう一つは「依頼/回答型」で、特定顧客への法判断情報宣言、成分情報宣言を提供します。

IEC 62474：2018の「提供型」の応用ともいえる適合宣言が、"DECLARATION of COMPLIANCE"となります。このDoCのひな型は次に示しますが、顧客がこのDoCでは不足と思えば、追加要請をし、サプライヤーも対応するものです。DoCを開示し、満足してもらえれば新たな対応は不要となり、担当者の作業量が削減できます。

CEマーキングが宣言できないサプライヤーは、"DECLARATION of CONFORMITY"ではなく"DECLARATION of COMPLIANCE"を利用することをおすすめします。

なお、"DECLARATION of COMPLIANCE"は、１ページですが、その根拠となる文書（TD）は、決定768/2008/ECに規定されるほど厳格でなくても、準備しておくことは必要です。

自律的マネジメントシステム

序章

第1章

第2章

第3章

第4章

第5章

第6章

第7章

自律的マネジメントシステム

■ DECLARATION of COMPLIANCEのひな型

タイトル : DECLARATION of COMPLIANCE

Ref. No. ABC-01
Date of Issue on: November, 10, 2020

We, ABC Co.,LTD, Postal Address, *********, Japan, declare under our sole responsibility that the product described below is in compliance with the following regulations and directives.

Uses: 用途
Product Name: ****
Model Name: ***
Trade Mark: 写真でも可

Confirmation of compliance:
It was confirmed that the product is compatible with the following laws and regulations by considering the General Product Safety Directive (2001/95/EC) and the related information because there is a possibility that the product will be brought in a general household.

消費者向け製品の場合は、玩具でなくても玩具指令の基準に適合しているとする方法もあります。

(1)Directive 2009/48/EC (safety of toys)
ANNEX II-III-3. Carcinogenic, Mutagenic or toxic for Reproduction: It is confirmed by using SDS (GHS 4th edition) that the substances are not included in the products.
ANNEX II-III-13. Migration limit: The contained element was measured by a fluorescent X ray analysis device.
Hexavalent chromium: It is confirmed by the in-house method* that the elution amount is lower than the maximum allowable concentration.
*: Measurement of an elution amount with diphenyl carbazide absorptiometry.

木製品の場合は木材規制を入れることもあります。

(2)Regulation (EU) No. 995/2010 (EU Timber Regulation)
The used paulownia wood is Chinese lumber that is cut and exported in a legal way as far as the confirmation by the importer.
Fire retardant, bleaching agent, etc. are not contained.

EU の場合は、REACH 規則が適用される可能性が高いので、REACH 規則の適合宣言を入れます。

(3) Regulation (EU) 1907/2006 (REACH)
Substances listed on the Annex XIV: It is confirmed using SDS (GHS 6th edition) that no substance is included.
Substances listed on the Annex XVII: It is confirmed using SDS (GHS 6th edition) that no substance is included.
Candidate List of substances of very high concern for authorisation: It is confirmed using SDS (GHS 6th edition) that no substance is included.

包装材にも配慮していることを宣言します。

(4)Directive 94/62/EC (packaging and packaging waste)
Certain heavy metals: It is confirmed by non-containing certificates of suppliers that no substance is included.

適合宣言のバックデータとなる技術文書を特定（ファイル名）しておきます。

The data for the compliance confirmation is listed in the Technical Documentation (File No. ****).

Signature:
Position/Title:
Address: Postal Address,

参考情報

* 1 https://www.epa.ie/pubs/advice/waste/rohs/RoHS%20Enforcement%20
Guidance%20Document%20-%20v%201%20May%2020061.pdf

* 2 http://std.iec.ch/iec62474

* 3 https://www.cpsc.gov/Business--Manufacturing/Regulatory-Robot/Safer-
Products-Start-Here

* 4 https://gov.ecfr.io/cgi-bin/text-idx?SID=0f22235b2efeff7f7edee2b253635d8c&m
c=true&node=se16.2.1252_13&rgn=div8

* 5 https://www.ecfr.gov/cgi-bin/text-idx?SID=43fad358e5d28c6e9425d5c09fc6941
4&mc=true&node=20200601y1.9

* 6 https://gov.ecfr.io/cgi-bin/text-idx?SID=07af24c3b553a66c7b87cbba06374e4b&
mc=true&node=se16.2.1308_12&rgn=div8

自律的マネジメントシステム

序章

第1章

第2章

第3章

第4章

第5章

第6章

第7章

自律的マネジメントシステム

まとめ

　製品含有化学物質管理システムとして、新たな個別の管理システムを構築するのではなく、製品品質や環境品質の確保のために運用されている、既存のISOの品質マネジメントシステム（ISO 9001）または環境マネジメントシステム（ISO 14001）に製品含有化学物質管理システムを統合することで、化学物質管理を自社での実効性ある自律的マネジメントとして運用できます。

　真のグローバル企業は、言われたから行うのではなく、自ら企業として何をすべきかを考えて行動をおこす「自律的なマネジメント」が求められています。日本企業は「法規制対応（順法）」が基本的な考え方であり、法規制以外は順守しなくても恥にはならないと思っている企業が大半です。欧州では、「製品含有化学物質管理は企業の責任」であり、国は「企業の対応が不十分と考えるときには制限する」という考えが基本にあります。

　製品含有化学物質管理を単なる法規制への対応とするのではなく、化学物質管理は「お客様の安全安心」であり、顧客満足あるいはCSRそのものであると気づき、積極的な対応が重要です。製品含有化学物質管理を品質保証と考えれば、既存のISOマネジメントシステムに統合できます。日本にISO9001が導入されたときは経験のないシステムに戸惑いを感じましたが、今では当たり前の品質保証の仕組みになっています。リスクマネジメントでもある化学物質マネジメントを、「自律的マネジメント」に昇華させる取組みが期待されます。

あとがき

　日本企業に輸出先国の化学物質規制法を順法することの必要性を広く知らしめたのは、2002年にオランダで起きた、カドミウムを含有した日本製品の輸入制限事件だと思います。この事件を契機に、その後の世界的な化学物質規制法の制定、改定の対応策を日本企業ならではのきめ細やかさと速さで行ってきました。

　ただ、改定時点での前提条件による対応策も担当者の代替わりによって、その前提条件などの伝承が漏れて、機械的に対応している傾向にあるようです。

　また、本書に収載した法規制は、経験が少ない担当者が知っておきたい基本的な法規制に絞りました。企業の順法対応は、もっと幅広く、深い内容になります。一方、企業対応は、顧客やサプライヤーとの合意が不可欠で、共通性も求められます。

　本書は2018年2月の初版発行から2年余ですが、この間に世界各国で大きな変化が起きています。

　2020年にWSSDのゴールを迎え、2030年のゴールに向けてSDGsの本格的な活動が始まりました。

　2020年に国連は創設75年を迎え、25年後の100年後の姿のアンケートをとっています。ウェブサイトでは、「国連創設75周年 ― 私たちの未来を一緒につくろう」（UN75）とし、「未来に関する対話（global conversation）」を促しています。次世代のための目標づくりが、また、始まります。

　2021年からEU循環経済行動計画によるSCIPデータベースの登録やBrexitなどの変化は続きます。

　読者の皆様が絶え間ない変化に対応できる順法の仕組み作りをするために、本書がその一助になれば幸いです。

　最後に、本書の企画、構成、校閲に第一法規株式会社の石川道子様をはじめとして編集部の皆様の温かくも厳しいご助言で出版に漕ぎ着けられましたことに御礼を申し上げます。

2020年11月

一般社団法人東京環境経営研究所　理事長　松浦徹也

執筆者一覧（敬称略）

監修　一般社団法人東京環境経営研究所

＜2021年改訂版＞
編著　松浦 徹也（一般社団法人東京環境経営研究所理事長）
　　　杉浦 順（一般社団法人東京環境経営研究所副理事長）

＜初版＞
編著　松浦 徹也
　　　加藤 聰
　　　中山 政明
総括リーダー　林 讓　島田 義弘
※以下★は各章リーダー
序章
★松浦 徹也
第1章　化学物質規制について
★中山 政明／井上 晋一／高橋 拓巳／田中 敬之／長谷川 祐
第2章　分類と表示について
★長谷川 祐／島田 義弘
第3章　電気電子製品の含有化学物質規制について
★加藤 聰／佐藤 和彦／柳田 覚
第4章　電気電子製品以外の含有化学物質規制について
★加藤 聰／佐藤 和彦／柳田 覚
第5章　廃棄・リサイクル法について
★岩田 茂樹／紫藤 英文／鈴木 浩
第6章　新たな規制動向について
★福井 徹／河西 崇／幸田 悦男／紫藤 英文
第7章　自律的マネジメントシステム
★加藤 聰
資料編
★佐藤 和彦

初版に掲載されておりました「資料編　参考URL集」につきましては、以下の東京環境経営研究所ウェブサイトから、同内容のURL集をご覧いただけます。ぜひご活用ください。

＜東京環境経営研究所ウェブサイト　URL集＞

https://www.tkk-lab.jp/link

サービス・インフォメーション

────通話無料────

①商品に関するご照会・お申込みのご依頼
　　　　TEL 0120(203)694／FAX 0120(302)640
②ご住所・ご名義等各種変更のご連絡
　　　　TEL 0120(203)696／FAX 0120(202)974
③請求・お支払いに関するご照会・ご要望
　　　　TEL 0120(203)695／FAX 0120(202)973

●フリーダイヤル（TEL）の受付時間は、土・日・祝日を除く
　9：00〜17：30です。
●FAXは24時間受け付けておりますので、あわせてご利用ください。

製造・輸出国別でわかる！
化学物質規制ガイド　2021年改訂版

2018年 2月 5日　初　版第 1 刷発行
2020年12月10日　改訂版第 1 刷発行

監　修　　一般社団法人東京環境経営研究所

編　著　　松　浦　徹　也・杉　浦　順

発行者　　田　中　英　弥

発行所　　第一法規株式会社
　　　　　〒107-8560　東京都港区南青山2-11-17
　　　　　ホームページ　https://www.daiichihoki.co.jp/

化学物質ガイド改　ISBN 978-4-474-07273-2　C2058（6）